付表2 塩基の解離定数 (dissociation constant for bases)

化合物名	化学式	解離定数(25℃) K_{b1}	K_{b2}
アニリン	$C_6H_5NH_2$	4.0×10^{-10}	
2-アミノエタノール	$HOC_2H_4NH_2$	3.2×10^{-5}	
アンモニア	NH_3	1.75×10^{-5}	
エチルアミン	$CH_3CH_2NH_2$	4.3×10^{-4}	
エチレンジアミン	$NH_2C_2H_4NH_2$	8.5×10^{-5}	7.1×10^{-8}
グリシン	$HOOCCH_2NH_2$	2.3×10^{-12}	
ジエチルアミン	$(CH_3CH_2)_2NH$	8.5×10^{-4}	
ジメチルアミン	$(CH_3)_2NH$	5.9×10^{-4}	
水酸化亜鉛	$Zn(OH)_2$		4.4×10^{-5}
トリエチルアミン	$(CH_3CH_2)_3N$	5.3×10^{-4}	
トリス(ヒドロキシメチル)アミノメタン	$(HOCH_2)_3CNH_2$	1.2×10^{-6}	
トリメチルアミン	$(CH_3)_3N$	6.3×10^{-5}	
ヒドラジン	H_2NNH_2	1.3×10^{-6}	
ヒドロキシルアミン	$HONH_2$	9.1×10^{-9}	
ピペリジン	$C_5H_{11}N$	1.3×10^{-3}	
ピリジン	C_5H_5N	1.7×10^{-9}	
1-ブチルアミン	$CH_3(CH_2)_2CH_2NH_2$	4.1×10^{-4}	
メチルアミン	CH_3NH_2	4.8×10^{-4}	

これならわかる
分析化学

古田 直紀

三共出版

はじめに

　1994年4月に国立環境研究所より中央大学理工学部に奉職して以来，13年間，応用化学科2年生に対して「分析化学」の講義を担当してきた。この本は，その講義ノートを基に作成した本で，1～13章は，それぞれ半期の講義に対応している。

　中央大学では，分析化学は2年生前期の必修科目となっている。分析化学として学ぶことは，酸-塩基滴定，錯滴定，沈殿滴定，酸化還元滴定，の4つの滴定である。その4つの滴定を理解するためには，「酸の解離定数（付表1）」，「塩基の解離定数（付表2）」，「EDTA金属錯体の生成定数（表10-1）」，「溶解度積（表11-1）」，「標準還元電極電位（付表3）」のそれぞれの表の意味するところを理解し，その使い方をマスターすることが重要である。

　世界の多くの大学で実施している学生による授業評価を，中央大学理工学部では2003年度より実施している。その評価項目の中に，総合評価として，

　「総合的に判断してこの授業を受けて良かったと思いますか」

という問がある。学生はその問に対して1から5の5段階で評価をする。私はこの評価に対しては常に気に止めてこの点数が良くなるように授業内容を改善してきた。その結果，2003年度　3.79点，2004年度　3.84点，2005年度　3.94点，2006年度　4.11点と毎年改善のあとが見える。その授業評価の中に，「先生の授業は板書が多すぎる。プリントですませられるところは，プリントで配ってほしい」とのコメントがあった。もっともな意見だと思い，それが本書を書くきっかけとなった。そのため本書では，分析化学の重要事項のみをまとめた。

　本書を書くにあたって以下の3つの点に気を付けた。

1) 【演習問題】各章ごとに重要事項を簡潔にまとめ，その重要事項の理解を深めるために演習問題を多く取り入れた。その演習問題の内容も，今後実験を行うようになったらすぐに役立つことを意識し，学んだ重要事項がどのように使われるかを理解させることに努めた。学生には，演習問題の解を目で追って理解するだけではなく，解を隠して自ら解けるまで勉強し

てほしい。

2) 【パソコンソフト】最近のパソコンの普及は目覚ましいものがある。特に，ワープロ，表計算，グラフィックスのソフトは大学の早い時期に使いこなせるようになった方が良いと考える。そこで，半期の講義の中頃にレポートを課するようにした。レポートの課題としては，表計算ソフト（Excel）を使ってpHを変化させた時の各リン酸イオン種，各炭酸イオン種，各EDTAイオン種の割合を計算して，図7-1，図7-2，図10-1に示したようなグラフを作成させるという内容である。学生にとっても達成感を感じるらしくなかなか好評である。

3) 【英単語】大学の高学年になると英語の論文を読むことになるが，その時に単語をいちいち辞書で調べていると時間がかかる。早くから基礎的な単語の英語名は覚えるように心がけてほしい。そこで，本文中の基礎的な単語には英語名も書き記し，巻末に基礎的な単語の英語名をまとめておいた。単語を覚える時にはその発音記号にも気を付け，どこにアクセントがあるかをはっきりと覚えておかないと，いざ使う時に役に立たない。そこで，巻末の基礎的な単語名には発音記号とアクセントの位置を載せておいた。

本書が，大学生にとって「分析化学」を理解するのに少しでも役立つことを期待している。最後になるが，本書作成にあたって御尽力いただいた三共出版の秀島 功氏に深く感謝します。

2007年1月

古田　直紀

目　次

1. 濃度の表し方 …………………………………………………… 1

   1-1　質量濃度 ……………………………………………………… 3
   1-2　モル濃度 ……………………………………………………… 4
   1-3　質量濃度（ppm）とモル濃度（M）との変換 ……………… 4

2. 分析結果の統計処理 ……………………………………………… 7

   2-1　分析結果の表示 ……………………………………………… 8
      (1) 平均値　　8
      (2) 標準偏差　　8
      (3) 相対標準偏差　　8
   2-2　誤差の伝播 …………………………………………………… 11
      (1) 分　散　　11
      (2) 相対的分散　　11
      (3) 加減算の誤差の伝播　　11
      (4) 乗余算の誤差の伝播　　12
   2-3　線形最小二乗法による一次近似式 ………………………… 12
   2-4　相関関数 r …………………………………………………… 14

3. 化学平衡 …………………………………………………………… 17

   3-1　化学反応の平衡 ……………………………………………… 18
   3-2　解離平衡（電解質物質が水に溶けている場合）…………… 21

4. 酸・塩基平衡(1)―強酸・強塩基と弱酸・弱塩基― 27
　4-1　酸と塩基の定義 ………………………………………………… 28

5. 酸・塩基平衡(2)―弱酸の塩・弱塩基の塩― ……………… 35
　5-1　弱酸と弱塩基の塩 ……………………………………………… 36

6. 緩衝溶液 ……………………………………………………………… 43
　6-1　緩衝溶液とは …………………………………………………… 44
　6-2　緩衝溶液の調製 ………………………………………………… 44
　6-3　緩衝機構 ………………………………………………………… 45

7. 多塩基酸の多段階解離 …………………………………………… 53
　7-1　リン酸 H_3PO_4 の解離 ………………………………………… 54
　7-2　リン酸の塩の解離 ……………………………………………… 54
　7-3　pHを変化させた時の各リン酸イオン種の割合 …………… 55
　7-4　リン酸塩緩衝液 ………………………………………………… 59
　7-5　炭酸 H_2CO_3 の解離 …………………………………………… 60
　7-6　炭酸の塩の解離 ………………………………………………… 60
　7-7　pHを変化させた時の各炭酸イオンの割合 ………………… 61

8. 多塩基酸の塩 ……………………………………………………… 65
　8-1　多塩基酸の酸性塩MHAのpH ……………………………… 66

9. 酸–塩基滴定 ……………………………………………… 73
   9-1 炭酸ナトリウム Na_2CO_3 の塩酸による滴定 …………… 76

10. 錯 滴 定 ………………………………………………… 85
   10-1 錯滴定 ……………………………………………… 86
   10-2 pHを変化させた時の各EDTAイオン種の割合 ………… 87
   10-3 金属イオンとEDTAとの錯体 …………………… 89
   10-4 EDTAの滴定曲線………………………………… 91

11. 沈殿滴定 …………………………………………………… 99
   11-1 溶解度積 …………………………………………… 100
   11-2 沈殿滴定によるハロゲンイオンの定量 ……………… 103

12. 酸化と還元 ………………………………………………… 109
   12-1 酸化と還元の定義 ………………………………… 110
   12-2 標準還元電極電位 ………………………………… 110
   12-3 イオン化傾向 ……………………………………… 111
   12-4 ネルンスト（Nernst）の式………………………… 111
   12-5 化学電池（ガルバニルセル）……………………… 113

13. 酸化還元滴定 …………………………………………… 117
13-1 Fe^{2+} 溶液の Ce^{4+} 溶液による滴定 ……………………… 118

重要な用語の英名と読み方………………………………………… 125
参考図書……………………………………………………………… 129
索　　引……………………………………………………………… 131

 濃度の表し方

目 標

ppm とモル濃度の変換ができるようにする。

水質環境基準および排水基準

項目	水質環境基準 ppm（wt / vol）	排水基準 ppm（wt / vol）
カドミウム (Cd)	0.01	0.1
全シアン	検出されないこと	1
鉛 (Pb)	0.01	0.1
六価クロム	0.05	0.5
ヒ 素 (As)	0.01	0.1
総水銀	0.0005	0.005
アルキル水銀	検出されないこと	検出されないこと
PCB	検出されないこと	0.003
ジクロロメタン	0.02	0.2
四塩化炭素	0.002	0.02
1,2-ジクロロエタン	0.004	0.04
1,1-ジクロロエチレン	0.02	0.2
シス-1,2-ジクロロエチレン	0.04	0.4
1,1,1-トリクロロエタン	1	3
1,1,2-トリクロロエタン	0.006	0.06
トリクロロエチレン	0.03	0.3
テトラクロロエチレン	0.01	0.1
1,3-ジクロロプロペン	0.002	0.02
チウラム	0.006	0.06
シマジン	0.003	0.03
チオベンカルブ	0.02	0.2
ベンゼン	0.01	0.1
セレン (Se)	0.01	0.1

　水質に係わる環境基準で公共用水中の有害物質の濃度が規制されている。たとえば，Cd，Pb，As，Se の濃度は 0.01 ppm（wt / vol）以下でなければならないとされている。一方，排水基準で各事業所から排出される廃液中の濃度が規制されている。排水基準は環境基準の 10 倍の濃度であり，たとえば Cd，Pb，As，Se の濃度は 0.1 ppm（wt / vol）と規制されている。川に放流された廃液は川で 10 倍に薄まると考えているのである。

　それでは，この ppm（wt / vol）とはどのような単位なのか。我々がよく用いるモル濃度（molarity）とはどのような関係なのかを学ぼう。

1. 濃度の表し方

この章では，分析目的成分の濃度を表す単位としてよく用いられる ppm（質量濃度）と mol/l（モル濃度）の定義を明確に覚え，それで，その両者の変換ができるようにする。

1-1 質量濃度

質量%濃度

(1) 試料が固体の場合には，
  %（wt / wt）＝（weight / weight）
  試料 100 g に分析目的成分が何 g 含まれているか。

(2) 試料が溶液の場合には，
  %（wt / wt）＝（weight / weight）
  溶液 100 g 中に溶質が何 g 溶けているか。
  %（wt / vol）＝（weight / voiume）
  溶液 100 ml 中に溶質が何 g 溶けているか。

ppm（parts per million）

試料が溶液の場合には，溶液の密度を 1.00 として，ppm（wt / vol）溶液 1 ml 中に溶質が何 μg 溶けているか。

（μg / ml ＝ 10^{-6} g / ml ＝ 10^{-3} g / l）

ppb（parts per billion）

試料が溶液の場合には，溶液の密度を 1.00 として，ppb（wt / vol）溶液 1 ml 中に溶質が何 ng 溶けているか。

（ng / ml ＝ 10^{-9} g / ml ＝ 10^{-6} g / l）

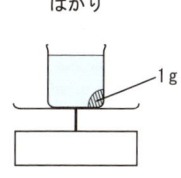

1 g を溶かして 100 g とする。
1 %（wt / wt）

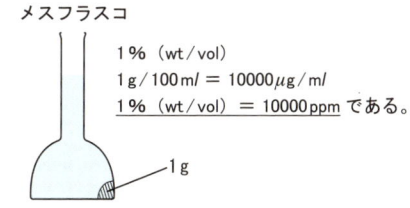

1 %（wt / vol）
1 g / 100 ml ＝ 10000 μg / ml
1 %（wt / vol）＝ 10000 ppm である。

1 g を溶かして 100 ml とする。

ppt (parts per trillion)

試料が溶液の場合には,溶液の密度を 1.00 として,ppt(wt / vol)溶液 1 ml 中に溶質が何 pg 溶けているか。

($\text{pg} / \text{m}l = 10^{-12} \text{g} / \text{m}l = 10^{-9} \text{g} / l$)

1-2 モル濃度

(1) 試料が溶液の場合を扱う。

溶液 1 L 中に溶けている溶質の物質量($\text{mol} / l = \text{M}$ と表す)。

(2) m モル濃度の溶液 v ml 中の溶質の物質量は

$$\frac{mv}{1000} \text{モル}\ (= mv\ \text{ミリモル})$$

(3) 溶液から溶液へ

<u>希釈しても物質量は不変である。</u>

m_1 モル濃度の溶液 v_1 ml を希釈して m_2 モル濃度の溶液 v_2 ml を作製する。

$$\frac{m_1 v_1}{1000} = \frac{m_2 v_2}{1000} \quad (\text{物質量は不変})$$

1-3 質量濃度(ppm)とモル濃度(M)との変換

ppm:$\mu\text{g} / \text{m}l = \text{mg} / l$

$\updownarrow$

モル濃度(分子量 M,質量 m)

$\text{mol} / l : \dfrac{m}{M}\ \text{mol} / l$

ppm からモル濃度に変換するためには,<u>溶液 1 L を考える</u>。ppm は 1 ml 中に溶質が何 μg 溶けているかであるから,分子,分母を 1000 倍して 1 L 中に溶質が何 mg 溶けているかを計算する。次に分子量で割れば m mol / l すなわちモル濃度に変換される。

逆に,モル濃度から ppm に変換するためには,<u>溶液 1 ml を考える</u>。mol / l は 1 L 中に溶質が何 mol 溶けているかであるから,分子量を掛ければ 1 L 中に溶けている溶質の g 数になる。これを 1000 で割れば,1 ml 中に溶けている溶

質の g 数になる。この g 数を μg に直せば μg/ml すなわち ppm に変換される。

設問 1.1 0.200 M ショ糖（$C_{12}H_{22}O_{11} = mw\ 342$）を 0.500 L 調製するために必要なミリグラム数は？

解 物質量は不変

$$0.200 \times 500 = \frac{x}{342}$$

$$\therefore x = 3.42 \times 10^4\ \text{mg}$$

設問 1.2 250 ml 中に 10.0 g 硫酸（$H_2SO_4 = mw\ 98.1$）を含む溶液のモル濃度は？

解 物質量は不変

$$\frac{10.0}{98.1} = \frac{x \times 250}{1000}$$

$$\therefore x = 0.408\ \text{M}$$

設問 1.3 市販されている硝酸（$HNO_3 = mw\ 63.01$）は，69.0%（wt/wt）で，比重は 1.409 である。この硝酸のモル濃度は？

解 1 L の硝酸を考える。

$$\frac{(1000 \times 1.409) \times 0.69}{63.01} = 15.4\ \text{mol}\ （物質量）$$

これが 1 L に含まれているので

$$\therefore 15.4\ \text{mol}/l$$

設問 1.4 $AgNO_3$（$mw\ 170$）1.00 ppm 溶液のモル濃度は？（**ppm からモル濃度への変換**）

解 $1.00\ \text{ppm} = 1.00\ \mu\text{g/m}l = 1.00 \times 10^{-6}\ \text{g/m}l = 1.00 \times 10^{-3}\ \text{g}/l$

$$\frac{1.00 \times 10^{-3}}{170}\ \text{mol}/l = 5.88 \times 10^{-6}\ \text{M}$$

設問 1.5 $CaCl_2$（$mw\ 111$）2.50×10^{-4} M 溶液の ppm 濃度は？（**モル濃度から ppm への変換**）

解 $2.50 \times 10^{-4} \times 111\ \text{g}/l = 277.5 \times 10^{-4}\ \text{g}/l = 277.5 \times 10^{-7}\ \text{g/m}l$
$= 27.75 \times 10^{-6}\ \text{g/m}l = 27.8\ \text{ppm}$

設問 1.6 250 ppm の K^+ を含む KCl 溶液がある。この溶液を用いて 0.00100 M の Cl^- 溶液を調製するには，何 ml を 1 L に希釈すればよいか。

解 K aw 39.10

$250 \text{ ppm} = 250 \,\mu g/ml = 250 \text{ mg}/l$

$\dfrac{250}{39.10}$ m mol$/l$ = 6.394 mM

KCl 溶液では K の物質量と Cl の物質量は同じ。

Cl の物質量は不変

$\dfrac{6.394 \times 10^{-3} \times x}{1000} = 0.00100$

$x = 156 \text{ m}l$

これから学ぶ 4 つの滴定（これだけは覚えよう）

1.	酸 – 塩基滴定	acid–base titration	9 章
2.	錯滴定	complexometric titration	10 章
3.	沈殿滴定	precipitation titration	11 章
4.	酸化還元滴定	redox titration (reduction-oxidation)	13 章

分析化学では 4 つの滴定について学ぶ。滴定は英語で titration という。この titration の部分を reaction（反応）に置き換えれば，4 つの代表的な溶液反応となる。4 つの滴定の日本語名と英語名をしっかりと覚えよう。

分析結果の統計処理

目 標

複数回の実験値が得られた時に、その報告書を書く際の統計的処理を学ぶ。

ここでは，複数回の分析結果が得られた時に，その分析結果の表示として，平均値，標準偏差，相対標準偏差の求め方を学ぶ．ある誤差を含む分析結果を使って，加減乗除の計算によって求めた最終結果にはどれくらいの誤差が見込まれるのか，その誤差の伝播の式を学ぶ．さらに，統計的処理の基礎として，一次近似の検量線 ($y = mx + b$) と相関係数 (r) の計算方法を学ぶ．

2-1 分析結果の表示

水試料の硬度を4回測定して，$CaCO_3$ として以下の実験結果を得た．

$\quad\quad$ 102.2 ppm $\quad\quad$ 102.8 ppm $\quad\quad$ 103.1 ppm $\quad\quad$ 102.3 ppm

どのような結果の表示を行なうか？

(1) 平均値 (mean)

$$\bar{x} = \frac{\sum_i x_i}{n} = \frac{102.2 + 102.8 + 103.1 + 102.3}{4} = 102.6 \text{ ppm}$$

(2) 標準偏差 (standard deviation, SD)　EXCEL 関数：STDEV

$$S \text{ or } SD = \sqrt{\frac{\sum_i (x_i - \bar{x})^2}{n-1}}$$

$$= \sqrt{\frac{1}{n-1}\left[\sum_i x_i^2 - \frac{1}{n}\left(\sum_i x_i\right)^2\right]} = \sqrt{\frac{1}{4-1}[0.54]} = 0.42 \text{ ppm}$$

(3) 相対標準偏差 (relative standard deviation, RSD)

$$S_{rel} = \frac{(SD)}{\bar{x}}$$

$$\% \text{ RSD} = \frac{(SD)}{\bar{x}} \times 100 \, (\%) = \left(\frac{0.42}{102.6}\right) \times 100 = 0.41 \, \%$$

以下まとめると，実験結果の表示は

> 平均値 ± 標準偏差 （相対標準偏差）
> 102.6 ± 0.42 ppm （0.41%）

実験結果には，±いくらと繰り返し測定した時の一致の程度を表さなければいけない．測定回数 n が有限の場合には標準偏差として SD を用い，n が多くなって10以上となると，$n - 1$ が n と近似されるようになり以

下の σ を用いる。 EXCEL 関数：STDEVP

$$\sigma = \sqrt{\frac{1}{n}\left[\sum_i x_i^2 - \frac{1}{n}\left(\sum_i x_i\right)^2\right]}$$

測定回数 n が無限大となると，測定値の分布は**正規分布**（normal distribution）となる。

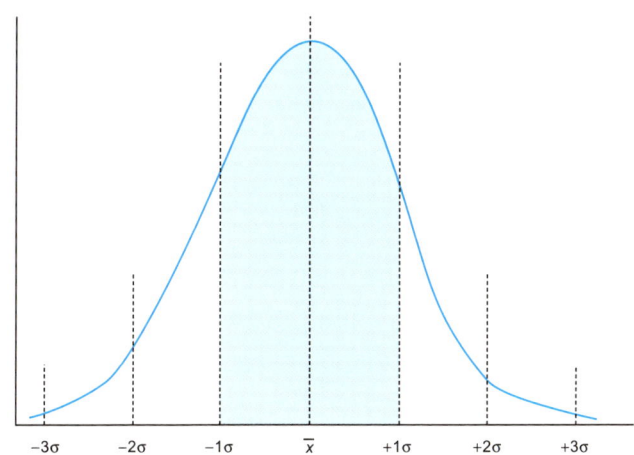

測定結果は下記のようになる。

　$\bar{x} \pm 1\sigma$ の範囲に入いる確率は 68 %

　$\bar{x} \pm 2\sigma$ の範囲に入いる確率は 95 %

　$\bar{x} \pm 2.5\sigma$ の範囲に入いる確率は 99 %

　$\bar{x} \pm 3\sigma$ の範囲に入いる確率は 99.7 %

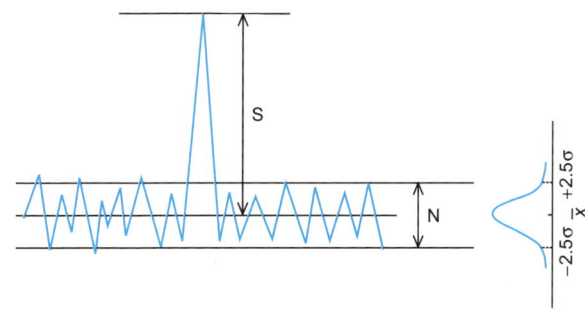

検出下限（LOD）と定量下限（LOQ）

濃度 C の試料を測定して，チャート上またはディスプレイ上に上記のようなシグナル（Signal, S）とノイズ（Noise, N）が観測された時，ノイズの 99 % が入るように N をとれば，N＝5σ となる。

検出下限（limit of detection, LOD）とは，3σ の信号を与える濃度であり，

$$\text{LOD} = 3 \times \left(\frac{\sigma}{S/C}\right) = 3 \times \left(\frac{\sigma C}{S}\right)$$

である。検出下限の濃度では繰り返し精度は約 33% となる。

定量下限（limit of quantitation, LOQ）とは，10σ の信号を与える濃度であり，

$$\text{LOQ} = 10 \times \left(\frac{\sigma}{S/C}\right) = 10 \times \left(\frac{\sigma C}{S}\right)$$

である。定量下限の濃度では繰り返し精度は約 10% となる。

S/N＝2 となる濃度とは，S＝10σ であるので定量下限の濃度に相当する。LOD 濃度の溶液，LOQ 濃度の溶液，それにブランク溶液を測定した時の信号頻度分布をプロットすると以下のようになる。ここで，LOD 濃度の溶液，LOQ 濃度の溶液，それにブランク溶液の標準偏差 σ は等しいと仮定した。

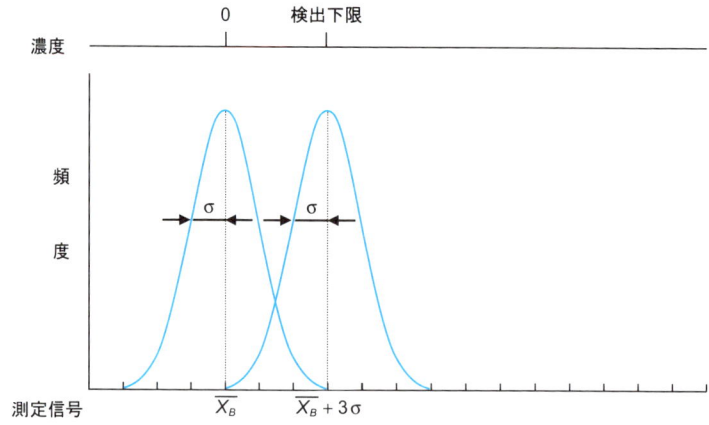

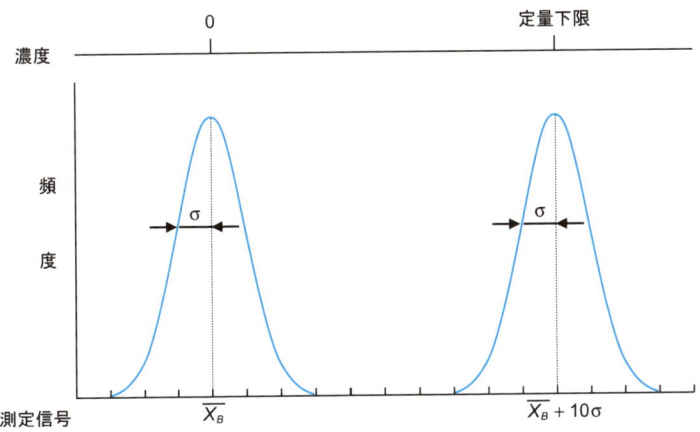

2-2 誤差の伝播

(1) **分 散** (variance)

標準偏差 SD の 2 乗

$$V = (SD)^2 = \frac{\sum_i (x_i - \bar{x})^2}{n-1}$$

$$= \frac{1}{n-1}\left[\sum_i x_i^2 - \frac{1}{n}\left(\sum_i x_i\right)^2\right]$$

(2) **相対的分散** (relative variance)

相対標準偏差 S_{rel} の 2 乗

$$S_{rel}^2 = \left[\frac{(SD)}{\bar{x}}\right]^2$$

(3) **加減算の誤差の伝播** (propagation of errors)

答の分散は,個々の分散の和となる。

$a = b + c - d$ のとき

$$S_a^2 = S_b^2 + S_c^2 + S_d^2$$

すなわち,解の標準偏差は,分散の和の 1/2 乗となる。

$$S_a = \sqrt{S_b^2 + S_c^2 + S_d^2}$$

設問 2.1 $(38.68 \pm 0.07) - (6.16 \pm 0.09) = 32.52 \pm \boxed{?}$

$$S = \sqrt{(0.07)^2 + (0.09)^2} = 0.11$$

解 $32.52 \pm 0.11 \Rightarrow 32.5 \pm 0.1$ とする。

(4) 乗除算の誤差の伝播

答の相対的分散は，個々の相対的分散の和となる。

$a = \dfrac{bc}{d}$ のとき

$$(S_a)^2_{\text{rel}} = (S_b)^2_{\text{rel}} + (S_c)^2_{\text{rel}} + (S_d)^2_{\text{rel}}$$

$$\left(\frac{S_a}{\bar{a}}\right)^2 = \left(\frac{S_b}{\bar{b}}\right)^2 + \left(\frac{S_c}{\bar{c}}\right)^2 + \left(\frac{S_d}{\bar{d}}\right)^2$$

すなわち，解の相対標準偏差は，相対的分散の和の 1/2 乗となる。

$$\frac{S_a}{\bar{a}} = \sqrt{\left(\frac{S_b}{\bar{b}}\right)^2 + \left(\frac{S_c}{\bar{c}}\right)^2 + \left(\frac{S_d}{\bar{d}}\right)^2}$$

設問 2.2 $\dfrac{(12.18 \pm 0.08)(23.04 \pm 0.07)}{3.247 \pm 0.006} = 86.43 \pm \boxed{?}$

$$\frac{S}{86.43} = \sqrt{\left(\frac{0.08}{12.18}\right)^2 + \left(\frac{0.07}{23.04}\right)^2 + \left(\frac{0.006}{3.247}\right)^2}$$

$$= 0.0075$$

$S = 86.43 \times 0.0075 = 0.65$

解 $86.43 \pm 0.65 \Rightarrow 86.4 \pm 0.6$

2-3 線形最小二乗法による一次近似式

実験により，ある x_i に対して y_i を求めた時，例えば，濃度を変化させて $(x_1, x_2, x_3 \cdots)$ それぞれに対して吸光度 $(y_1, y_2, y_3 \cdots)$ を求めた時，複数の (x_i, y_i) の実験結果より一次式

$$y = mx + b$$

(m：傾き，b：y 軸切片，$m = \dfrac{S_{xy}}{S_{xx}}$)

の近似式を求める。

ここで,

$$S_{xy} = \sum_i (x_i - \bar{x})(y_i - \bar{y}) = \sum_i x_i y_i - \frac{1}{n}\left(\sum_i x_i \sum_i y_i\right)$$

$$S_{xx} = \sum_i (x_i - \bar{x})^2 = \sum_i x_i^2 - \frac{1}{n}\left(\sum_i x_i\right)^2$$

$$m = \frac{\left[\sum_i x_i y_i - \frac{1}{n}\left(\sum_i x_i \sum_i y_i\right)\right]}{\left[\sum_i x_i^2 - \frac{1}{n}\left(\sum_i x_i\right)^2\right]}$$

$$b = \bar{y} - m\bar{x}$$

設問 2.3 リンの濃度(ppm)と吸光度(A)の以下の実験結果より一次近似式を求めよ。

x_i	y_i
P (ppm)	A
1.00	0.205
2.00	0.410
3.00	0.615
4.00	0.820

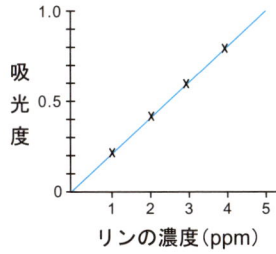

濃度のわかった標準溶液の信号強度(この場合は吸光度)を測定し,濃度に対する吸光度を上記のようにプロットする。これを基に一次近似式 $y = mx + b$ を求める。この線が**検量線**(calibration curve)である。

【解】

$$m = \frac{\left[\sum_i x_i y_i - \frac{1}{n}\left(\sum_i x_i \sum_i y_i\right)\right]}{\left[\sum_i x_i^2 - \frac{1}{n}\left(\sum_i x_i\right)^2\right]}$$

$$= \frac{6.150 - \frac{1}{4}(10.00 \times 2.05)}{30.00 - \frac{1}{4}(100.0)}$$

$$= 0.205$$

$$b = \bar{y} - m\bar{x} = 0.5125 - 0.205 \times 2.500$$

$$= 0.5125 - 0.5125 = 0.0000$$

$$\therefore y = 0.205\,x$$

2-4　相関係数 r (correlation coefficient)

(x_i, y_i) の実験結果より，x と y に相関があるかどうかを調べる。

$$r = \frac{S_{xy}}{(n-1)\,(\mathrm{SD})_x\,(\mathrm{SD})_y} \qquad \text{EXCEL 関数：CORREL}$$

ここで，

$$S_{xy} = \sum_i (x_i - \bar{x})(y_i - \bar{y}) = \sum_i x_i y_i - \frac{1}{n}\left(\sum_i x_i \sum_i y_i\right)$$

$$(\mathrm{SD})_x = \sqrt{\frac{1}{n-1}\left[\sum_i x_i^2 - \frac{1}{n}\left(\sum_i x_i\right)^2\right]}$$

$$(\mathrm{SD})_y = \sqrt{\frac{1}{n-1}\left[\sum_i y_i^2 - \frac{1}{n}\left(\sum_i y_i\right)^2\right]}$$

$-1 \leqq r \leqq 1$

r は -1 から 1 の間の値

$r \simeq 1$ の時

正の相関

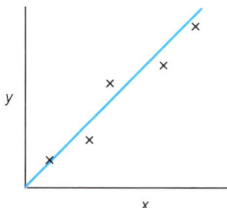

$r \simeq -1$ の時

負の相関

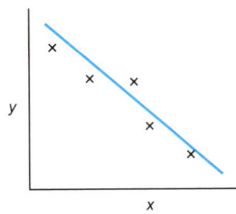

$r \simeq 0$ の時

相関なし

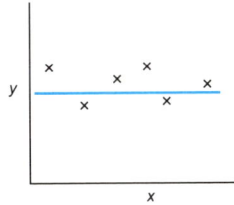

設問 2.4 酵母エキスの質量パーセント（%）と毒素の量（mg）との相関係数を求めよ。

x_i	y_i
酵母エキス（%）	毒素（mg）
1.000	0.487
0.200	0.260
0.100	0.195
0.010	0.007
0.001	0.002

解

$$r = \frac{S_{xy}}{(n-1)(SD)_x (SD)_y}$$

$$= \frac{0.310}{(5-1) \times 0.420 \times 0.201}$$

$$= 0.918$$

∴ 正の相関

3 化学平衡

目 標

反応物の濃度と平衡定数が与えられた時に,平衡後の反応物および生成物の濃度を求められるようにする。

この章では，化学平衡とは何かを理解する。本書では，短時間に化学平衡に達する反応のみを扱うので，平衡後の系を考える。平衡定数が大きい場合と小さい場合に分けて，反応物の初期濃度と平衡定数が与えられた時に，平衡後の反応物と生成物の濃度が計算できるようにする。

3-1　化学反応の平衡

化合物 A と B が反応して，化合物 C と D が生成する。それぞれの濃度を [A]，[B]，[C]，[D] で表すと以下のような平衡式が成り立つ。

$$aA + bB \rightleftarrows cC + dD$$

[A]　[B]　　[C]　[D]

forward
(反応速度)$_f = k_f [A]^a [B]^b$

backward
(反応速度)$_b = k_b [C]^c [D]^d$

平衡状態（equilibrium state）では

(反応速度)$_f$ = (反応速度)$_b$

$$k_f [A]^a [B]^b = k_b [C]^c [D]^d$$

$$K_{eq} = \frac{k_f}{k_b} = \frac{[C]^c [D]^d}{[A]^a [B]^b}$$

K_{eq}：平衡定数（equilibrium constant）

K_{eq} が大きい場合と小さい場合の 2 つの場合がある。

(1)　K_{eq} が大きい場合

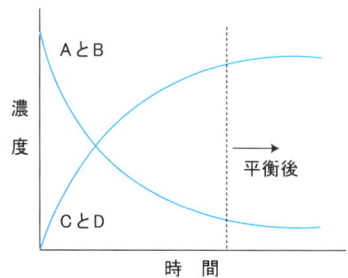

ほとんどの A と B が反応して C と D が生成する。

(2) K_{eq} が小さい場合

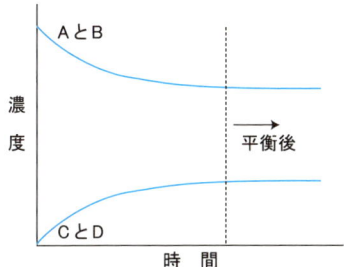

ほんのわずかの A と B が反応して C と D が生成する。

これから，酸-塩基滴定，沈殿滴定，錯滴定，酸化還元滴定を学ぶが，それらは化学平衡を扱うことになる。酸の解離定数 (K_a)，塩基の解離定数 (K_b)，水のイオン積 (K_w)，加水分解定数 (K_H)，錯体の生成定数 (K_f)，溶解度積 (K_{sp}) などすべて化学平衡定数 K_{eq} の一種である。

(1) K_{eq} が小さい場合

設問 3.1 化学物質 A と B が次のように反応して，C と D が生成する。

$$A + B \rightleftharpoons C + D \qquad K = \frac{[C][D]}{[A][B]}$$

この平衡定数 K は 0.30 である。

A：0.20 mol，B：0.50 mol を 1 L に溶かして反応させたとして，平衡時の反応物と生成物の濃度を求めよ。

解

	A	+	B	$\rightleftharpoons$	C	+	D
平衡前	0.20		0.50		0.00		0.00
平衡後	0.20 − x		0.50 − x		x		x

ほんのわずか生成した化学物質を x とする。

$$K = \frac{x * x}{(0.20 - x)(0.50 - x)} = 0.30$$

x を解くと

$x = 0.11$ M

∴ [A] = 0.09 M，[B] = 0.39 M，[C] = 0.11 M，[D] = 0.11 M

[注] 本書の「*」は，乗算（かける）を意味する。アルファベットの x（エックス）と区別するために使用する。

もしも，$K = 0.30$ を K_{eq} が大きい場合と考えてしまった場合，

	A	+	B	$\rightleftharpoons$	C	+	D
平衡前	0.20		0.50		0.00		0.00
平衡後	x		$0.30 + x$		$0.20 - x$		$0.20 - x$

$$K = \frac{(0.20 - x)(0.20 - x)}{x * (0.30 + x)} = 0.30$$

x を解くと

1 つは 0.606，もう 1 つは 0.0943 となる。

$x = 0.606$ とすると［C］が負の濃度となってしまうので，$x = 0.0943$ である。

[A] = 0.09 M

[B] = 0.30 + 0.09 = 0.39 M

[C] = 0.20 − 0.09 = 0.11 M

[D] = 0.20 − 0.09 = 0.11 M

二次方程式を省略せずに計算すれば同じ答えが得られる。

(2) K_{eq} が大きい場合

設問 3.2 設問 3.1 において，平衡定数が 2.0×10^{16} であるとして，A，B，C，D の平衡濃度を求めよ。

解

	A	+	B	$\rightleftharpoons$	C	+	D
平衡前	0.20		0.50		0.00		0.00
平衡後	x		$0.30 + x$		$0.20 - x$		$0.20 - x$

ほんのわずか生成した化学物質を x とする。

$$K = \frac{(0.20 - x)(0.20 - x)}{x * (0.30 + x)} = 2.0 \times 10^{16}$$

x は小さいので $\dfrac{0.20 * 0.20}{x * 0.30} = 2.0 \times 10^{16}$ として

x を解くと

$x = 6.7 \times 10^{-18}$ M

∴ [A] = 6.7×10^{-18} M，[B] 0.30 M，[C] 0.20 M，[D] 0.20 M

3-2 解離平衡（電解質物質が水に溶けている場合）

化学物質 AB が水に溶けて，A^+ と B^- のイオンに解離する。

$$AB \rightleftharpoons A^+ + B^-$$
$$[AB] \quad\quad [A^+] \quad [B^-]$$

$$K_{eq} = \frac{[A^+][B^-]}{[AB]}$$

K_{eq}：解離定数（dissociation constant）

(1) 強電解質 (strong electrolyte) ― 完全解離　　K_{eq} は無限大

　　強酸　　　　強塩基
　　HCl　　　　NaOH

　　塩　　　　強酸，強塩基の塩　　NaCl

　　　　　　　弱酸の塩　　CH$_3$COONa

　　　　　　　弱塩基の塩　　NH$_4$Cl

(2) 弱電解質 (weak electrolyte) ― 部分解離　　K_{eq} は小さい

　　弱酸　　　　弱塩基
　　CH$_3$COOH　　NH$_3$

設問 3.3 解離平衡定数が 3.0×10^{-6} である弱酸 AB の 0.1 M 溶液中で A^+ と B^- の平衡濃度を求めよ。

解

$$\quad\quad\quad AB \rightleftharpoons A^+ + B^-$$

平衡前　　0.10　　　　0.00　　　0.00

平衡後　　0.10 − x　　x　　　x

$K_{eq} = 3.0 \times 10^{-6}$　　K_{eq} が小さい場合

$$K_{eq} = \frac{x * x}{0.10 - x} = 3.0 \times 10^{-6}$$

初期濃度が［解離平衡定数× 100］より大きい時はこの x は無視してよい。

（答は最大 5%大きくなるだけである）。

$$\frac{x * x}{0.10} = 3.0 \times 10^{-6}$$

$$x = \sqrt{3.0 \times 10^{-7}} = 5.5 \times 10^{-4} \text{ M}$$

設問 3.4 (K_{eq} が大きい場合)

A と B が次のように反応する。

$A + B \rightleftharpoons C + D \qquad K_{eq} = 2.0 \times 10^3$

いま，A 0.30 mol と B 0.80 mol が 1 L の溶液中で混合された場合，反応後の A，B，C，D の濃度はいくらになるか。

解

	A	+	B	$\rightleftharpoons$	C	+	D
平衡前	0.30		0.80		0.00		0.00
平衡後	x		$0.50 + x$		$0.30 - x$		$0.30 - x$
			≒		≒		≒
			0.50		0.30		0.30

$$K_{eq} = \frac{0.30 * 0.30}{x * 0.50} = 2.0 \times 10^3$$

$$x = 9.0 \times 10^{-5} \, \text{M}$$

∴ [A] = 9.0×10^{-5} M

[B] = 0.50 M

[C] = 0.30 M

[D] = 0.30 M

設問 3.5 (K_{eq} が大きい場合)

A と B が次のように反応する。

$A + B \rightleftharpoons 2C \qquad K_{eq} = 5.0 \times 10^6$

いま，A 0.40 mol と B 0.70 mol が 1 L の溶液中に混合された場合，反応後の A，B，C の濃度はいくらになるか。

解

	A	+	B	$\rightleftharpoons$	2C
平衡前	0.40		0.70		0.00
平衡後	x		$0.30 + x$		$0.80 - 2x$
			≒		≒
			0.30		0.80

$$K_{eq} = \frac{(0.80)^2}{x * 0.30} = 5.0 \times 10^6$$

$$x = 4.3 \times 10^{-7}$$

∴ [A] = 4.3×10^{-7} M

[B] = 0.30 M

[C] = 0.80 M

設問 3.6 (K_{eq} が小さい場合)

サリチル酸 $C_6H_4(OH)COOH$ の解離定数は 1.0×10^{-3} である。1.0×10^{-3} M 溶液の解離度（％）はいくらか。

解

$$\text{HA} \rightleftharpoons \text{H}^+ + \text{A}^-$$

平衡前　　1.0×10^{-3}　　0.0　　0.0

平衡後　　$1.0 \times 10^{-3} - x$　　x　　x

$$K_{eq} = \frac{x * x}{(1 \times 10^{-3} - x)} = 1.0 \times 10^{-3}$$

無視できない。

$$x^2 + 1.0 \times 10^{-3} x - 1.0 \times 10^{-6} = 0$$

二次方程式を解いて

$$x = 6.2 \times 10^{-4} \text{ M}$$

∴ 解離度 $= \dfrac{6.2 \times 10^{-4}}{1.0 \times 10^{-3}} \times 100 = 62$ ％

設問 3.7 (K_{eq} が小さい場合)

シアン化水素 HCN の解離定数は 7.2×10^{-10} である。1.0×10^{-3} M 溶液の解離度（％）はいくらか。

解

$$\text{HCN} \rightleftharpoons \text{H}^+ + \text{CN}^-$$

平衡前　　1.0×10^{-3}　　0　　0

平衡後　　$1.0 \times 10^{-3} - x$　　x　　x

$$K_{eq} = \frac{x * x}{(1.0 \times 10^{-3} - x)} = 7.2 \times 10^{-10}$$

無視できる。

$$x = 8.5 \times 10^{-7} \text{ M}$$

$$\therefore 解離度 = \frac{8.5 \times 10^{-7}}{1 \times 10^{-3}} \times 100 = 8.5 \times 10^{-2} \text{ \%}$$

答　0.085%

設問 3.8　(K_{eq} が小さい場合)

設問 3.6 において，溶液中に 1.0×10^{-2} M のサリチル酸ナトリウムが共存する場合のサリチル酸の解離度（%）はいくらか。

解

サリチル酸ナトリウムは強電解質。100%解離

$$C_6H_5(OH)COONa \longrightarrow C_6H_5(OH)COO^- + Na^+$$
$$ 1.0 \times 10^{-2} \quad 1.0 \times 10^{-2}$$

$$C_6H_5(OH)COOH \rightleftharpoons C_6H_5(OH)COO^- + H^+$$
$$1.0 \times 10^{-3} - x \qquad\qquad x \qquad\qquad x$$
$$\phantom{1.0 \times 10^{-3} - x \qquad\qquad } 1.0 \times 10^{-2} + x \simeq 1.0 \times 10^{-2}$$

$$K_{eq} = \frac{(1.0 \times 10^{-2} + x) * x}{1.0 \times 10^{-3} - x} = 1.0 \times 10^{-3}$$

$$\frac{(1.0 \times 10^{-2}) \times x}{1.0 \times 10^{-3} - x} = 1.0 \times 10^{-3}$$

$$x = 9.1 \times 10^{-5}$$

$$\therefore 解離度 = \frac{9.1 \times 10^{-5}}{1.0 \times 10^{-3}} \times 100 = 9.1 \text{ \%}$$

共通イオン効果 (common ion effect) または共通塩効果 (common salt effect)

サリチル酸ナトリウムは弱酸の塩であり，強電解質である。$C_6H_5(OH)COO^-$ と Na^+ に 100 % 解離する。サリチル酸ナトリウムが共存しない時サリチル酸は 60 % 解離していた。しかし，サリチル酸ナトリウムが共存すると解離して生成する $C_6H_5(OH)COO^-$ が増加するため，サリチル酸の解離平衡が左に移行し解離度は小さくなる。これを共通イオン効果または共通

3. 化学平衡　25

塩効果と言う。

設問 3.9　(K_{eq} が大きい場合)

Fe^{2+} と $Cr_2O_7^{2-}$ は次のように反応する：

$6\,Fe^{2+} + Cr_2O_7^{2-} + 14\,H^+ \rightleftharpoons 6\,Fe^{3+} + 2\,Cr^{3+} + 7\,H_2O$

この反応の平衡定数は 1×10^{57} である。1.14 M HCl 中で 0.01 M $K_2Cr_2O_7$ と 0.06 M $FeSO_4$ が反応した場合，鉄とクロムの平衡濃度を求めよ。

解

$$6\,Fe^{2+} + Cr_2O_7^{2-} + 14\,H^+ \rightleftharpoons 6\,Fe^{3+} + 2\,Cr^{3+} + 7\,H_2O$$

平衡前	0.06	0.01	1.14	0	0
平衡後	$6x$	x	$1.0 + 14x$	$0.06 - 6x$	$0.02 - 2x$
			≒	≒	≒
			1.0	0.06	0.02

$$K_{eq} = \frac{(0.06)^6 * (0.02)^2}{(6x)^6 * x * (1.0)^{14}} = 1 \times 10^{57}$$

$$x^7 = \frac{4.6 \times 10^{-8} \times 4 \times 10^{-4}}{46656 \times 1 \times 10^{57}} = 39400 \times 10^{-77}$$

$x = 4.5 \times 10^{-11}$ M

$[Fe^{2+}] = 6 \times 4.5 \times 10^{-11} = 2.7 \times 10^{-10}$ M

$[Cr_2O_7^{2-}] = 4.5 \times 10^{-11}$ M

$[Fe^{3+}] = 0.06$ M　　　$[Cr^{3+}] = 0.02$ M

4 酸・塩基平衡（1）
―強酸・強塩基と弱酸・弱塩基―

目 標

強酸・強塩基および弱酸・弱塩基の濃度が与えられる時に，そのpHを求められるようにする。

この章では，酸と塩基の定義を学ぶ．本書ではブレンステッドの定義を適用する．p（変数）で表記したpHとpOHを学ぶ．強酸と強塩基，弱酸と弱塩基の解離平衡定数と濃度が与えられた時にpHまたはpOHが計算できるようにする．

4-1 酸と塩基の定義

アレニウス（Arrhenius）の定義（狭義）

酸……水素イオン（H^+）を与える物質（例　HCl）

塩基…水酸化物イオン（OH^-）を与える物質（例　NaOH）

ブレンステッド（Brønsted）の定義（拡義）

酸……プロトン（H^+）を与える物質

塩基…プロトン（H^+）を受けとる物質

$$\text{酸} \rightleftarrows H^+ + \text{塩基}\qquad\text{(共役)}$$

酸と塩基は共役対（conjugate pair）をなす．

酸

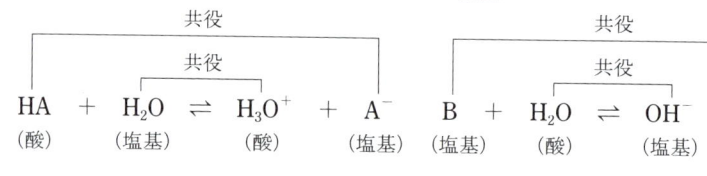

$$\underset{(\text{酸})}{HA} + \underset{(\text{塩基})}{H_2O} \rightleftarrows \underset{(\text{酸})}{H_3O^+} + \underset{(\text{塩基})}{A^-}$$

（共役）

A^-はHAの共役塩基である．

$$K_a = \frac{[H_3O^+][A^-]}{[HA]} \quad (a : acid)$$

K_a：酸の解離定数

(dissociation constant for acids)

塩基

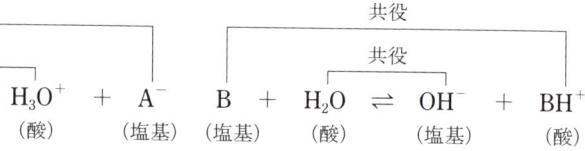

$$\underset{(\text{塩基})}{B} + \underset{(\text{酸})}{H_2O} \rightleftarrows \underset{(\text{塩基})}{OH^-} + \underset{(\text{酸})}{BH^+}$$

（共役）

BH^+はBの共役酸である．

$$K_b = \frac{[OH^-][BH^+]}{[B]} \quad (b : base)$$

K_b：塩基の解離定数

(dissociation constant for bases)

純水を考える．

$$\underset{(\text{酸})}{H_2O} + \underset{(\text{塩基})}{H_2O} \rightleftarrows \underset{(\text{酸})}{H_3O^+} + \underset{(\text{塩基})}{OH^-}$$

（共役）

$$K_w = [H_3O^+][OH^-] = [H^+][OH^-] \quad (w : water)$$

H_3O^+：ヒドロニウムイオン

K_w：水のイオン積 (ion product of water)

$K_w = [H^+][OH^-] = 1.0 \times 10^{-14}$ (25℃)
純水だと，$[H^+] = [OH^-] = \sqrt{1.0 \times 10^{-14}}$
$ = 1.0 \times 10^{-7}$

p（変数）＝ －log（変数）
　　pH ＝ －log $[H^+]$ ＝ －log (1.0×10^{-7}) ＝ 7
　　pOH ＝ －log $[OH^-]$ ＝ －log (1.0×10^{-7}) ＝ 7
－log K_w ＝ －log $[H^+]$ －log $[OH^-]$ ＝ 14
　　pK_w ＝ pH ＋ pOH ＝ 14

pH ＜ 7 … 酸性 (acidic)
pH ＝ 7 … 中性 (neutral)　　　　　　　　　　　温度 25℃での話
pH ＞ 7 … アルカリ性 (alkaline) または塩基性 (basic)

高い温度でのpH（体温 37℃）
　温度が高くなると平衡は右側に移行する。pH 7 が中性というのは温度が 25℃での話。25℃で定義すると，中性の pH が 7 と簡単な整数となる。
　$K_w = [H^+][OH^-] = 2.5 \times 10^{-14}$（よりよくイオン化する）
　$[H^+] = [OH^-] = \sqrt{2.5 \times 10^{-14}} = 1.6 \times 10^{-7}$ M
　pH ＝ －log (1.6×10^{-7}) ＝ 7 －log 1.6 ＝ 6.8
　37℃では pH 6.8 で中性となる。
　　　　pH ＜ 6.8 で酸性，pH ＞ 6.8 でアルカリ性
体液の pH は 7.40 で，アルカリ性である。
25℃での pH 7.40 よりもさらにアルカリ性が強い。

K_a：酸の解離定数
K_b：塩基の解離定数　　K_{eq}：平衡定数の一種である。
K_w：水のイオン積

強酸　　　強電解質　　K_{eq} が大きい場合
強塩基　　（ほとんどすべてが解離する）

弱酸　　　弱電解質　　K_{eq} が小さい場合
弱塩基　　（ほんのわずか解離する）

設問 4.1 （強酸）2.0×10^{-3} M の HCl 溶液の pH はいくらか。

解 HCl $\longrightarrow$ H$^+$ + Cl$^-$ （完全解離）
平衡後　0　　　2.0×10^{-3}　2.0×10^{-3}

[H$^+$] = 2.0×10^{-3}

pH = $-\log(2.0 \times 10^{-3})$ = 2.70

設問 4.2 （強塩基）5.0×10^{-2} M の NaOH 水溶液の pH はいくらか。

解 NaOH $\longrightarrow$ Na$^+$ + OH$^-$ （完全解離）
平衡後　0　　　5.0×10^{-2}　5.0×10^{-2}

[OH$^-$] = 5.0×10^{-2}

pOH = $-\log(5.0 \times 10^{-2})$ = 1.3

pH = 14 − 1.3 = 12.7

設問 4.3 （強酸）2.4×10^{-7} M の HNO$_3$ 溶液の pH はいくらか。

ヒント　酸の濃度が薄くなると水の解離が無視できなくなることに注意。

解 HNO$_3$ $\longrightarrow$ H$^+$ + NO$_3^-$
平衡後　0　　　2.4×10^{-7}　2.4×10^{-7}

H$_2$O $\rightleftharpoons$ H$^+$ + OH$^-$
　　　　　　x　　x

$K_w = (2.4 \times 10^{-7} + x) \times x = 1.0 \times 10^{-14}$

$x^2 + 2.4 \times 10^{-7} x - 1.0 \times 10^{-14} = 0$

この二次方程式を解いて，$x = 3.5 \times 10^{-8}$ M

[H$^+$] = $2.4 \times 10^{-7} + 0.35 \times 10^{-7}$
　　　 = $2.75 \times 10^{-7} \fallingdotseq 2.8 \times 10^{-7}$

pH = $-\log(2.8 \times 10^{-7})$ = 6.55

[注意] 酸をいくら水で薄めていってもアルカリ性になることはない。

1.2×10^{-9} M の HCl 溶液の pH は 7.0 で，pH = $-\log(1.2 \times 10^{-9})$ = 8.92 などとしてはいけない。

設問 4.4 （強酸）1.0×10^{-5} M の HCl 溶液を 1000 倍に希釈した溶液の pH はいくらか。

解 HCl $\longrightarrow$ H$^+$ + Cl$^-$
平衡後　0　　　1.0×10^{-8}　1.0×10^{-8}

$$H_2O \rightleftharpoons H^+ + OH^-$$
$$ x x$$

$K_w = (1.0 \times 10^{-8} + x) \times x = 1.0 \times 10^{-14}$

$x^2 + 1.0 \times 10^{-8} x - 1.0 \times 10^{-14} = 0$

この二次方程式を解いて，$x = 9.5 \times 10^{-8}$ M

$[H^+] = 1.0 \times 10^{-8} + 9.5 \times 10^{-8}$

$ = 10.5 \times 10^{-8} = 1.05 \times 10^{-7}$

$\mathrm{pH} = -\log(1.05 \times 10^{-7}) = 6.98$

[注意] 1.0×10^{-5} M の HCl 溶液を 1000 倍に希釈したのだから濃度が 1.0×10^{-8} M となって pH 8 となると考えてはいけない。

設問 4.5 (強塩基) 3.0×10^{-7} M の KOH 水溶液の pH はいくらか。

ヒント 塩基の濃度が薄くなると水の解離が無視できなくなることに注意。

解 $KOH \longrightarrow K^+ + OH^-$

平衡後　　0　　　3.0×10^{-7}　　3.0×10^{-7}

$$H_2O \rightleftharpoons H^+ + OH^-$$
$$ x x$$

$K_w = x \times (3.0 \times 10^{-7} + x) = 1.0 \times 10^{-14}$

$x^2 + 3.0 \times 10^{-7} x - 1.0 \times 10^{-14} = 0$

この二次方程式を解いて，$x = 3.0 \times 10^{-8}$ M

$[OH^-] = 3.0 \times 10^{-7} + 0.30 \times 10^{-7} = 3.3 \times 10^{-7}$

$\mathrm{pOH} = -\log(3.3 \times 10^{-7}) = 6.48$

$\mathrm{pH} = 14 - 6.48 = 7.52$

$[H^+] \longrightarrow \mathrm{pH} = -\log[H^+]$

$\mathrm{pH} \longrightarrow [H^+] = 10^{-\mathrm{pH}}$

水素イオン濃度 $[H^+]$ が与えられた時に pH を求める。

逆に pH が与えられた時に $[H^+]$ を求める。

設問 4.6 pH 3.47 の時の $[H^+]$ はいくらになるか。

解 $[H^+] = 10^{-\mathrm{pH}}$

$[H^+] = 10^{-3.47} = 10^{-4} \times 10^{0.53} = 3.4 \times 10^{-4}$ M

設問 4.7 （弱酸）1.00×10^{-3} M の酢酸（acetic acid, AcOH と略す）の pH はいくらか。

解 $\quad$ AcOH $\rightleftharpoons$ AcO$^-$ + H$^+$ （部分解離）

平衡前 $\quad 1.00 \times 10^{-3} \quad\quad 0 \quad\quad 0$

平衡後 $\quad 1.00 \times 10^{-3} - x \quad x \quad\quad x$

$$K_a = \frac{x * x}{1.00 \times 10^{-3} - x} = 1.75 \times 10^{-5}$$
← 無視できない

$x^2 + 1.75 \times 10^{-5} x - 1.75 \times 10^{-8} = 0$

この二次方程式を解いて，$x = 1.24 \times 10^{-4}$ M

（ここで x を無視すると $x = 1.32 \times 10^{-4}$ M と 6.5% 大きくなってしまう）

$\text{pH} = -\log(1.24 \times 10^{-4}) = 3.91$

設問 4.8 （弱塩基）1.00×10^{-3} M のアンモニアの pH はいくらか。

解 $\quad$ NH$_3$ + H$_2$O $\rightleftharpoons$ NH$_4^+$ + OH$^-$ （部分解離）

平衡前 $\quad 1.00 \times 10^{-3} \quad\quad\quad\quad 0 \quad\quad 0$

平衡後 $\quad 1.00 \times 10^{-3} - x \quad\quad\quad x \quad\quad x$

$$K_b = \frac{x * x}{1.00 \times 10^{-3} - x} = 1.75 \times 10^{-5}$$
← 無視できない ［偶然に酢酸の解離定数とアンモニアの解離定数は等しい］

$x^2 + 1.75 \times 10^{-5} x - 1.75 \times 10^{-8} = 0$

この二次方程式を解いて，$x = 1.24 \times 10^{-4}$ M

（ここで x を無視すると $x = 1.32 \times 10^{-4}$ M と 6.5% 大きくなってしまう）

$\text{pOH} = -\log(1.24 \times 10^{-4}) = 3.91$

$\text{pH} = 14 - 3.91 = 10.09 \fallingdotseq 10.1$

設問 4.9 （弱酸）0.25 M のプロピオン酸の pH はいくらか。

解 $\quad$ C$_2$H$_5$COOH $\rightleftharpoons$ C$_2$H$_5$COO$^-$ + H$^+$ （部分解離）

平衡前 $\quad 0.25 \quad\quad\quad 0 \quad\quad 0$

平衡後 $\quad 0.25 - x \quad\quad x \quad\quad x$

$$K_a = \frac{x * x}{0.25 - x} = 1.3 \times 10^{-5}$$
← 無視できる ［酸の解離定数（付表1）を参照する］

$x = \sqrt{3.25 \times 10^{-6}} = 1.80 \times 10^{-3}$ M

$\text{pH} = -\log(1.80 \times 10^{-3}) = 2.74$

設問 4.10（弱塩基）0.10 M のアニリンの pH はいくらか。

解　　$RNH_2 + H_2O \rightleftharpoons RNH_3^+ + OH^-$

平衡前　0.10　　　　　　　　　0　　　　0

平衡後　0.10−x　　　　　　　　x　　　　x

$$K_b = \frac{x * x}{0.10 - x} = 4.0 \times 10^{-10}$$　［塩基の解離定数(付表2)を参照する］

←無視できる

$x = \sqrt{4.0 \times 10^{-11}} = 6.3 \times 10^{-6}$ M

$pOH = -\log(6.3 \times 10^{-6}) = 5.2$

$pH = 14 - 5.2 = 8.8$

設問 4.11（硫酸の解離）硫酸の第一プロトンは完全に解離するが、第二プロトンは $K_{a2} = 1.2 \times 10^{-2}$ で部分的にしか解離しない。0.0100 M H_2SO_4 溶液の水素イオン濃度を計算せよ。

解　　$H_2SO_4 \rightleftharpoons H^+ + HSO_4^-$　　$K_{a1} \gg 1$

　　　　　　　　　0.0100

　　　　$HSO_4^- \rightleftharpoons H^+ + SO_4^{2-}$　　$K_{a2} = 1.2 \times 10^{-2}$

　　　　0.0100−x　　x　　x

$$K_{a2} = \frac{(0.0100 + x) * x}{0.0100 - x} = 1.2 \times 10^{-2}$$

←無視できない

$x^2 + 0.022x - 0.00012 = 0$

この二次方程式を解いて、$x = 0.0045$

［注意］硫酸の第二段階では45%しか解離していない。

$[H^+] = 0.0100 + 0.0045 = 0.0145$ M

$pH = -\log(0.0145) = 1.84$

酸の解離定数（付表1）に書かれている $K_{a1}, K_{a2}, K_{a3}, K_{a4}$ は、多塩基酸（解離して2つ以上の H^+ を生成する酸）が多段階に解離する時の解離定数である。H_2S は解離して生成する H^+ が2つある多塩基酸であり、以下のように二段階で解離する。

$H_2S \rightleftharpoons HS^- + H^+$　　$K_{a1} = 9.1 \times 10^{-8}$

$HS^- \rightleftharpoons S^{2-} + H^+$　　$K_{a2} = 1.2 \times 10^{-15}$

酸性溶液では，上記の平衡は左に移行し生成される $[S^{2-}]$ は小さくなる。そこで，イオン化傾向の小さい金属イオンのみが硫化物を生成する。逆に，塩基性溶液では，上記の平衡は右に移行し生成される $[S^{2-}]$ は大きくなる。そこでイオン化傾向の大きな金属イオンでも硫化物の沈殿が生成される。金属イオンの定性分析で，第 2 族は酸性状態でも H_2S を通じると硫化物を生成する金属イオンであり（Sn^{2+}，Pb^{2+}，Cu^{2+}，Hg^{2+} など），第 4 族は塩基性状態にして H_2S を通じると硫化物を生成する金属イオンである（Zn^{2+}，Fe^{2+}，Ni^{2+} など）。

金属のイオン化傾向

大 → 小

K Ca Na Mg Al	Zn Fe Ni	Sn Pb (H) Cu Hg Ag Pt Au
	塩基性 + H_2S 塩基性にすれば硫化物が沈殿する。	酸性 + H_2S 酸性でも硫化物が沈殿する。

1 族　塩化物

2 族　酸性で硫化物の沈殿　CuS（黒色）

3 族　水酸化物

4 族　塩基性で硫化物の沈殿　ZnS（白色）

5 族　炭酸塩

6 族　アルカリ金属

5 酸・塩基平衡 (2)
―弱酸の塩・弱塩基の塩―

目 標

弱酸・弱塩基の塩の濃度が与えられた時に，そのpHを求められるようにする。

この章では，弱酸・弱塩基の塩の解離平衡を学ぶ。弱酸・弱塩基の塩は強電解質であり完全解離する。完全解離した後に加水分解反応を起こす。加水分解定数の求め方を学び，弱酸・弱塩基の塩の濃度が与えられた時に pH または pOH が計算できるようにする。

5-1 弱酸と弱塩基の塩

弱酸の塩：弱酸と強塩基から生成された塩

$$\text{弱酸} + \text{強塩基} \longrightarrow \text{弱酸の塩} + \text{H}_2\text{O}$$
(例) AcOH　　NaOH　　　　AcONa

弱塩基の塩：弱塩基と強酸から生成された塩

$$\text{弱塩基} + \text{強酸} \longrightarrow \text{弱塩基の塩}$$
(例) NH$_3$　　HCl　　　　NH$_4$Cl

弱酸の塩，弱塩基の塩ともに強電解質で水と反応して加水分解反応を起こす。強酸と強塩基から生成される塩は加水分解反応を起こさない。

$$\text{強酸} + \text{強塩基} \longrightarrow \text{塩}$$
(例) HCl + NaOH ⟶ NaCl + H$_2$O

弱酸の塩の一般式 MA

MA ⟶ M$^+$ + A$^-$ （完全解離）

A$^-$ が加水分解反応を起こす。

A$^-$ + H$_2$O ⇌ HA + OH$^-$ （アルカリ性）

$$K_\text{H} = K_\text{b} = \frac{[\text{HA}][\text{OH}^-]}{[\text{A}^-]} = \frac{[\text{HA}][\text{OH}^-][\text{H}^+]}{[\text{A}^-][\text{H}^+]} = \frac{[\text{OH}^-][\text{H}^+]}{\frac{[\text{A}^-][\text{H}^+]}{[\text{HA}]}} = \frac{K_\text{w}}{K_\text{a}}$$

K_H：加水分解定数（hydrolysis constant）

A$^-$ は加水分解反応で OH$^-$ を生成するので塩基である（HA に対する共役塩基である）。

よって K_b であるが，K_b の値は酸の解離定数（付表 1）には載っていない。

したがって，$K_\text{b} = \dfrac{K_\text{w}}{K_\text{a}}$ の関係式を使って計算で求めなければならない。

弱塩基の塩の一般式 BHX

BHX $\longrightarrow$ BH$^+$ + X$^-$ （完全解離）

BH$^+$ が加水分解反応を起こす。

BH$^+$ + H$_2$O $\rightleftharpoons$ B + H$_3$O$^+$ （酸性）

$$K_H = K_a = \frac{[B][H_3O^+]}{[BH^+]} = \frac{[B][H_3O^+][OH^-]}{[BH^+][OH^-]} = \frac{[H_3O^+][OH^-]}{\frac{[BH^+][OH^-]}{[B]}} = \frac{K_w}{K_b}$$

K_H：加水分解定数

BH$^+$ は加水分解反応で H$_3$O$^+$ を生成するので酸である（B に対する共役酸である）。

よって K_a であるが，K_a の値は塩基の解離定数（付表 2）には載っていない。

$K_a = \dfrac{K_w}{K_b}$ の関係式を使って計算で求めなければならない。

$K_b = \dfrac{K_w}{K_a}$ $K_a = \dfrac{K_w}{K_b}$

まとめて，$K_a \times K_b = K_w$ は今後もよく出てくるので覚えよう。

両辺を $-\log$ ととると

$(-\log K_a) + (-\log K_b) = -\log K_w$

$pK_a + pK_b = pK_w$

$K_w = 1.0 \times 10^{-14}$ (25℃) であるので

$pK_w = -\log(1.0 \times 10^{-14}) = 14$

よって

$pK_a + pK_b = 14$

設問 5.1 （弱酸の塩）0.1 M の酢酸ナトリウム水溶液の pH はいくらか。

解　NaOAc $\longrightarrow$ Na$^+$ + OAc$^-$ （完全解離）

加水分解反応

OAc$^-$ + H$_2$O $\rightleftharpoons$ HOAc + OH$^-$

$$K_H = K_b = \frac{[HOAc][OH^-]}{[OAc^-]} = \frac{[HOAc][OH^-][H^+]}{[OAc^-][H^+]} = \frac{[OH^-][H^+]}{\frac{[OAc^-][H^+]}{[HOAc]}}$$

$$= \frac{K_w}{K_a} = \frac{1.0 \times 10^{-14}}{1.75 \times 10^{-5}} = 5.7 \times 10^{-10}$$

[K_a の値は酸の解離定数（付表1）を参照する。]

$$OAc^- + H_2O \rightleftharpoons HOAc + OH^-$$

平衡前　0.10　　　　　　　　　0　　　　0

平衡後　0.10−x　　　　　　　　x　　　x

$$K_b = \frac{x * x}{0.10 - x} = 5.7 \times 10^{-10} \quad \leftarrow \text{無視できる}$$

$$x = \sqrt{57 \times 10^{-12}} = 7.5 \times 10^{-6} \text{ M}$$

$$\text{pOH} = -\log(7.5 \times 10^{-6}) = 5.12$$

$$\text{pH} = 14 - 5.12 = 8.88$$

設問 5.2（弱塩基の塩）0.25 M の塩化アンモニウム水溶液の pH はいくらか。

解　$NH_4Cl \longrightarrow NH_4^+ + Cl^-$ （完全解離）

加水分解反応

$$NH_4^+ + H_2O \rightleftharpoons NH_3 + H_3O^+$$

$$K_H = K_a = \frac{[NH_3][H_3O^+]}{[NH_4^+]} = \frac{[NH_3][H_3O^+][OH^-]}{[NH_4^+][OH^-]} = \frac{[H_3O^+][OH^-]}{\frac{[NH_4^+][OH^-]}{[NH_3]}}$$

$$= \frac{K_w}{K_b} = \frac{1.0 \times 10^{-14}}{1.75 \times 10^{-5}} = 5.7 \times 10^{-10}$$

[K_b の値は塩基の解離定数（付表2）を参照する。]

$$NH_4^+ + H_2O \rightleftharpoons NH_3 + H_3O^+$$

平衡前　0.25　　　　　　　　　0　　　　0

平衡後　0.25−x　　　　　　　　x　　　x

$$K_a = \frac{x * x}{0.25 - x} = 5.7 \times 10^{-10} \quad \leftarrow \text{無視できる}$$

$$x = \sqrt{1.425 \times 10^{-10}} = 1.2 \times 10^{-5} \text{ M}$$

$$\text{pH} = -\log(1.2 \times 10^{-5}) = 4.92$$

設問 5.3 （弱酸の塩）0.010 M NaCN 溶液の pH はいくらか。

解 NaCN $\longrightarrow$ Na$^+$ + CN$^-$ （完全解離）

加水分解反応

CN$^-$ + H$_2$O $\rightleftharpoons$ HCN + OH$^-$

$$K_b = \frac{K_w}{K_a} = \frac{1.0 \times 10^{-14}}{7.2 \times 10^{-10}} = 1.39 \times 10^{-5}$$

［K_a の値は酸の解離定数（付表1）を参照する。］

	CN$^-$ + H$_2$O $\rightleftharpoons$ HCN + OH$^-$

平衡前　0.01　　　　　　　　0　　　0

平衡後　0.01$-x$　　　　　　　x　　　x

$$K_b = \frac{x * x}{0.01 - x} = 1.39 \times 10^{-5} \quad \longleftarrow \text{無視できる}$$

$$x = \sqrt{13.9 \times 10^{-8}} = 3.73 \times 10^{-4} \text{M}$$

pOH $= -\log\,(3.73 \times 10^{-4}) = 3.43$

pH $= 14 - 3.43 = 10.57 ≒ 10.6$

設問 5.4 （弱酸の塩）0.050 M 安息香酸ナトリウム水溶液の pH はいくらか。

解 C$_6$H$_5$COONa $\longrightarrow$ C$_6$H$_5$COO$^-$ + Na$^+$ （完全解離）

加水分解反応

C$_6$H$_5$COO$^-$ + H$_2$O $\rightleftharpoons$ C$_6$H$_5$COOH + OH$^-$

$$K_b = \frac{K_w}{K_a} = \frac{1.0 \times 10^{-14}}{6.3 \times 10^{-5}} = 1.59 \times 10^{-10}$$

［K_a の値は酸の解離定数（付表1）を参照する。］

C$_6$H$_5$COO$^-$ + H$_2$O $\rightleftharpoons$ C$_6$H$_5$COOH + OH$^-$

平衡前　0.05　　　　　　　　0　　　0

平衡後　0.05$-x$　　　　　　　x　　　x

$$K_b = \frac{x * x}{0.05 - x} = 1.59 \times 10^{-10} \quad \longleftarrow \text{無視できる}$$

$$x = \sqrt{0.0795 \times 10^{-10}} = 2.82 \times 10^{-6}$$

pOH $= -\log\,(2.82 \times 10^{-6}) = 5.55$

pH $= 14 - 5.55 = 8.45$

設問 5.5 （弱塩基の塩）0.25 M 塩酸ピリジン（ピリジン・HCl）水溶液の pH はいくらか。

解 $C_5H_5NH^+ Cl^- \longrightarrow C_5H_5NH^+ + Cl^-$

加水分解反応

$$C_5H_5NH^+ + H_2O \rightleftharpoons C_5H_5N + H_3O^+$$

$$K_a = \frac{K_w}{K_b} = \frac{1.0 \times 10^{-14}}{1.7 \times 10^{-9}} = 5.88 \times 10^{-6}$$

［K_b の値は塩基の解離定数（付表2）を参照する。］

$$C_5H_5NH^+ + H_2O \rightleftharpoons C_5H_5N + H_3O^+$$

平衡前　0.25　　　　　　　　　0　　　　0
平衡後　0.25−x　　　　　　　　x　　　x

$$K_a = \frac{x * x}{0.25 - x} = 5.88 \times 10^{-6} \quad \text{（無視できる）}$$

$x = \sqrt{1.47 \times 10^{-6}} = 1.21 \times 10^{-3}$

$\text{pH} = -\log(1.21 \times 10^{-3}) = 2.92$

設問 5.6 （弱塩基の塩）0.25 M H_2SO_4 12 ml を 1.0 M NH_3 6 ml に加えた時、この溶液の pH はいくらか。

解 $H_2SO_4 + 2NH_3 \longrightarrow (NH_4)_2SO_4$

H_2SO_4 の物質量　$0.25 \times 12 = 3.0$ mmol

NH_3 の物質量　$1.0 \times 6 = 6.0$ mmol

H_2SO_4 と NH_3 は過不足なく反応する。

生成する $(NH_4)_2SO_4$ の物質量は 3.0 mmol、$(NH_4)_2SO_4$ は弱塩基の塩であり完全解離して、1モルの $(NH_4)_2SO_4$ から NH_4^+ は2モル生成するので、生成する NH_4^+ の物質量は 6 mmol である。

これが 18 ml の溶液に含まれる。

NH_4^+ のモル濃度　$\dfrac{6}{18} = 0.33$ M

$(NH_4)_2SO_4 \longrightarrow 2NH_4^+ + SO_4^{2-}$ （完全解離）

加水分解反応

$NH_4^+ + H_2O \rightleftharpoons NH_3 + H_3O^+$

$$K_a = \frac{K_w}{K_b} = \frac{1.0 \times 10^{-14}}{1.75 \times 10^{-5}} = 5.71 \times 10^{-10}$$

[K_b の値は塩基の解離定数（付表2）を参照する。]

$$\mathrm{NH_4^+ + H_2O \rightleftharpoons NH_3 + H_3O^+}$$

平衡前　0.33　　　　　　　　0　　　　0

平衡後　0.33 − x　　　　　　x　　　　x

$$K_a = \frac{x * x}{0.33 - x} = 5.71 \times 10^{-10}$$

←無視できる

$$x = \sqrt{1.88 \times 10^{-10}} = 1.37 \times 10^{-5}$$

$$\mathrm{pH} = -\log(1.37 \times 10^{-5}) = 4.86$$

設問 5.6 で，0.25 M H_2SO_4 12 ml を 1.0 M NH_3 12 ml に加えた時，生成する NH_4^+ の物質量が 6 mmol で，溶液に残った NH_3 の物質量が 6 mmol となり，NH_3（弱塩基）と NH_4^+（弱塩基の塩）とが共存する緩衝溶液となる。

⑥ 緩 衝 溶 液

目標

pH 7.40 のトリス緩衝溶液が調製できるようにする。

ここでは，緩衝溶液の役割とその調製方法を学ぶ。ヘンダーソン - ハッセルバルク（Henderson-Hasselbalch）の式を使って緩衝溶液がどのようにその役割を果たすかを理論的に説明できるようにする。今後，分析化学でも，pH を一定に保って反応させたいことがあるはずである。そのような時に緩衝溶液が必要となる。生化学で特に必要となる pH 7.40 のトリス緩衝溶液（Tris buffer solution, Tris）の調製方法を学ぶ。

6-1 緩衝溶液とは
1) 少量の酸や塩基が加えられた時，または 2) その溶液が希釈された時に，pH の変化をおさえる役割をする溶液のこと——上記の 1) と 2) の時に，pH を一定に保とうとする溶液のことを緩衝溶液（buffer solution）という。

6-2 緩衝溶液の調製
(1) 弱酸　と　その塩（共役塩基）との混合物
　　AcOH　　　AcONa　⟶　AcO⁻ + Na⁺ （完全解離）
　　(HA)　　　　　　　　　　(A⁻)

(2) 弱塩基　と　その塩（共役酸）との混合物
　　NH₃　　　NH₄Cl　⟶　NH₄⁺ + Cl⁻ （完全解離）
　　(B)　　　　　　　　　　(BH⁺)

(1) 弱酸 HA と共役塩基 A⁻ との平衡

$$HA \rightleftharpoons H^+ + A^-$$

HA と A⁻ とが共存する溶液

酸平衡定数 $K_a = \dfrac{[H^+][A^-]}{[HA]}$

$$[H^+] = K_a \dfrac{[HA]}{[A^-]}$$

$$-\log[H^+] = -\log K_a + \log \dfrac{[A^-]}{[HA]}$$

$$pH = pK_a + \log \dfrac{[A^-]}{[HA]}$$

ヘンダーソン-ハッセルバルク (Henderson-Hasselbalch) の式

$$\mathrm{pH} = \mathrm{p}K_\mathrm{a} + \log \frac{[\text{プロトン受容体}]}{[\text{プロトン供与体}]}$$

(2) 弱塩基 B と共役酸 BH^+ との平衡

$$BH^+ \rightleftharpoons B + H^+$$

BH^+ と B とが共存する溶液

酸平衡定数 $K_\mathrm{a} = \dfrac{[B][H^+]}{[BH^+]}$

$$[H^+] = K_\mathrm{a} \frac{[BH^+]}{[B]}$$

$$-\log[H^+] = -\log K_\mathrm{a} + \log \frac{[B]}{[BH^+]}$$

$$\mathrm{pH} = \mathrm{p}K_\mathrm{a} + \log \frac{[B]}{[BH^+]}$$

ヘンダーソン-ハッセルバルクの式

$$\mathrm{pH} = \mathrm{p}K_\mathrm{a} + \log \frac{[\text{プロトン受容体}]}{[\text{プロトン供与体}]}$$

でも，弱塩基に対する K_a (酸の解離定数) は付表2に載っていない。
そこで，$K_\mathrm{w} = K_\mathrm{a} \cdot K_\mathrm{b} = 1.0 \times 10^{-14}$ を使う。

$\mathrm{p}K_\mathrm{w} = \mathrm{p}K_\mathrm{a} + \mathrm{p}K_\mathrm{b} = 14$

$$\mathrm{pH} = (14 - \mathrm{p}K_\mathrm{b}) + \log \frac{[\text{プロトン受容体}]}{[\text{プロトン供与体}]}$$

6-3 緩衝機構

(1) $\mathrm{pH} = \mathrm{p}K_\mathrm{a} + \log \dfrac{[A^-]}{[HA]}$

$$HA \rightleftharpoons H^+ + A^-$$

① 酸が加えられると A^- と反応して HA ができる。
塩基が加えられると HA と反応して A^- ができる。

$[A^-]$ と $[HA]$ が十分にあれば，$\log \dfrac{[A^-]}{[HA]}$ の変化は少ない。

② 溶液が希釈された場合 $\dfrac{[A^-]}{[HA]}$ は変わらない。

緩衝容量は（buffering capacity），$pH = pK_a$ の時最大で，有効範囲は $pH = pK_a \pm 1$ である。

(2) $pH = (14 - pK_b) + \log \dfrac{[B]}{[BH^+]}$

$$BH^+ \rightleftharpoons B + H^+$$

① 酸が加えられると B と反応して BH^+ ができる。
塩基が加えられると BH^+ と反応して B ができる。

$[B]$ と $[BH^+]$ が十分にあれば，$\log \dfrac{[B]}{[BH^+]}$ の変化は少ない。

② 溶液が希釈された場合 $\dfrac{[B]}{[BH^+]}$ は変わらない。

緩衝容量は，$pH = 14 - pK_b$ の時最大で，
有効範囲は $pH = (14 - pK_b) \pm 1$ である。

設問 6.1 0.10 M AcONa 水溶液 20 ml に，0.10 M AcOH 10 ml を加えて調製した緩衝溶液の pH はいくらか。

解 $pH = pK_a + \log \dfrac{[AcO^-]}{[AcOH]}$

AcO^- の物質量：$0.10 \times 20 = 2.0$ mmol

これが 30 ml に含まれる——モル濃度 2/30 M

AcOH の物質量：$0.10 \times 10 = 1.0$ mmol

これが 30 ml に含まれる——モル濃度 1/30 M

$pH = -\log(1.75 \times 10^{-5}) + \log \dfrac{[2/30]}{[1/30]}$

$= 4.76 + \log(2.0) = 5.06$

この溶液に 0.10 M の HCl 1 ml を加えた時の pH は？

$$AcOH \rightleftharpoons AcO^- + H^+$$
$$HCl \longrightarrow Cl^- + H^+$$

HCl は強電解質であり 100 ％解離する。

HCl が解離して生成され H^+ が増加すると，その変化を小さくするように酢酸の解離平衡が左側にシフトする（ル・シャトリエ（Le Châtelier）の原理）。

AcO^- の物質量：$0.10 \times 20 - 0.10 \times 1 = 1.9$ mmol

これが 31 ml に含まれる——モル濃度 1.9/31 M

AcOH の物質量：$0.10 \times 10 + 0.10 \times 1 = 1.1$ mmol

これが 31 ml に含まれる——モル濃度 1.1/31 M

$$pH = -\log(1.75 \times 10^{-5}) + \log \frac{[1.9/31]}{[1.1/31]}$$

$$= 4.76 + \log(1.73) = 5.00$$

もしも，もとの 30 ml が緩衝溶液でない純水であったら，その時の pH は？

$$[H^+] = 0.1 \times \frac{1}{31} = 0.0032 \text{ M}$$

$$pH = -\log(3.2 \times 10^{-3}) = 2.50$$

このように緩衝溶液でなければ，0.10 M の HCl 1 ml を加えると pH が 7.00 から 2.50 と低くなる所が，緩衝溶液であると，pH が 5.06 から 5.00 と pH の変化を押さえる働きがある。

この緩衝溶液に 0.10 M の NaOH 1 ml を加えた時の pH は？

$$AcOH \rightleftharpoons AcO^- + H^+$$
$$NaOH \longrightarrow Na^+ + OH^-$$

NaOH は強電解質であり 100 ％解離する。

NaOH が解離して生成される OH^- が，酢酸の解離した H^+ と反応して H_2O を生成するため，酢酸の解離平衡は右側にシフトする（ル・シャトリエの原理）。

AcO^- の物質量：$0.10 \times 20 + 0.10 \times 1 = 2.1$ mmol

これが 31 ml に含まれる——モル濃度 2.1/31 M

AcOH の物質量：$0.10 \times 10 - 0.10 \times 1 = 0.9$ mmol

これが 31 ml に含まれる —— モル濃度 0.9/31 M

$$\mathrm{pH} = -\log(1.75 \times 10^{-5}) + \log \frac{[2.1/31]}{[0.9/31]}$$

$$= 4.76 + \log(2.33) = 5.13$$

もしも，もとの 30 ml が緩衝溶液でない純水であったら，その時の pH は？

$$[\mathrm{OH}^-] = 0.1 \times \frac{1}{31} = 0.0032 \text{ M}$$

$$\mathrm{pOH} = -\log(3.2 \times 10^{-3}) = 2.50$$

$$\mathrm{pH} = 14 - 2.50 = 11.5$$

このように，緩衝溶液でなければ，0.10 M の NaOH 1 ml を加えると pH が 7.00 から 11.5 と高くなる所が，緩衝溶液であると，pH が 5.06 から 5.13 と pH の変化を押さえる働きがある。

設問 6.2 0.10 M NH$_3$ 溶液 5.0 ml と 0.020 M HCl 溶液 10.0 ml を混合して作られる溶液の pH を計算せよ。

解 NH$_3$ + HCl ⟶ NH$_4$Cl

NH$_3$ の物質量：$0.10 \times 5 = 0.5$ mmol

HCl の物質量：$0.020 \times 10 = 0.2$ mmol

生成した NH$_4$Cl = NH$_4^+$　　0.2 mmol

残りの NH$_3$ は，0.3 mmol であるので，NH$_3$ と NH$_4^+$ とが共存する溶液

$$\mathrm{pH} = \mathrm{p}K_\mathrm{a} + \log \frac{[\mathrm{NH}_3]}{[\mathrm{NH}_4^+]}$$

$$= (14 - \mathrm{p}K_\mathrm{b}) + \log \frac{0.3}{0.2}$$

$$= 9.24 + 0.176 = 9.42$$

設問 6.3 0.1 M 酢酸溶液 50 ml に 0.10 M 水酸化ナトリウム溶液 20 ml を加えて緩衝溶液を調製した。この緩衝溶液の pH はいくらか。

解 AcOH + NaOH $\longrightarrow$ AcONa + H$_2$O

AcOH の物質量：$0.10 \times 50 = 5.0$ mmol

NaOH の物質量：$0.10 \times 20 = 2.0$ mmol

生成した AcONa = OAc$^-$　　2.0 mmol

残りの AcOH は，3.0 mmol であるので，AcOH と AcO$^-$ とが共存する溶液

$$\text{pH} = \text{p}K_\text{a} + \log \frac{[\text{AcO}^-]}{[\text{AcOH}]}$$

$$= -\log (1.75 \times 10^{-5}) + \log \frac{2}{3}$$

$$= 4.76 - 0.176 = 4.58$$

設問 6.4　トリス（ヒドロキシメチル）アミノメタン〔(HOCH$_2$)$_3$CNH$_2$：tris [hydroxymethyl] aminomethane, Tris, THAM〕は弱塩基であり，生化学の緩衝溶液としてよく用いられている。その K_b は 1.2×10^{-6} である。いま，pH 7.40 のトリス緩衝溶液 1 L を作りたい。0.50 M HCl 100 ml に何 g の Tris を溶かして全体を 1 L とすればよいか。

解

HOCH$_2$ － C(CH$_2$OH)(CH$_2$OH) － NH$_2$　を　R － NH$_2$　と考えれば NH$_3$ の設問 6.2 と同じ問題となる。

$$\text{pH} = \text{p}K_\text{a} + \log \frac{[(\text{HOCH}_2)_3\text{CNH}_2]}{[(\text{HOCH}_2)_3\text{CNH}_3^+]}$$

$$\text{pH} = (14 - \text{p}K_\text{b}) + \log \frac{[(\text{HOCH}_2)_3\text{CNH}_2]}{[(\text{HOCH}_2)_3\text{CNH}_3^+]} \qquad K_\text{b} = 1.2 \times 10^{-6}$$

$$\text{p}K_\text{a} = 14 - [-\log (1.2 \times 10^{-6})]$$

$$= 14 - 5.92 = 8.08$$

$$7.40 = 8.08 + \log \frac{[(\text{HOCH}_2)_3\text{CNH}_2]}{[(\text{HOCH}_2)_3\text{CNH}_3^+]}$$

$$-0.68 = \log \frac{[(HOCH_2)_3CNH_2]}{[(HOCH_2)_3CNH_3^+]}$$

$$\frac{[(HOCH_2)_3CNH_2]}{[(HOCH_2)_3CNH_3^+]} = 10^{-0.68} = 0.21$$

$$\text{Tris} + \text{HCl} \longrightarrow \text{TrisH}^+ + \text{Cl}^-$$

H^+ の物質量：$0.50 \times 100 = 50$ mmol

Tris H^+ が 50 mmol でき，しかも残りの Tris によって [Tris / Tris H^+] $= 0.21$ となるのに十分な Tris を全 Tris とすると

全 Tris $= 50$ mmol $+ x$ mmol

$$\frac{x \text{ mmol}}{50 \text{ mmol}} = 0.21$$

$x = 10.5$ mmol

全 Tris $= 50 + 10.5 = 60.5$ mmol

Tris の分子量 121.13

よって，60.5 mmol $\times 121.13 = 7.3$ g の Tris を 0.50 M HCl 100 ml に溶かして純水でもって全体を 1 L とする。

	Tris	+	HCl	$\longrightarrow$	TrisH$^+$	+	Cl$^-$
平衡前	60.5 mmol		50 mmol		0		0
平衡後	10.5 mmol		0		50 mmol		50 mmol

$$\frac{[\text{Tris}]}{[\text{TrisH}^+]} = \frac{10.5}{50} = 0.21 \text{ となっている。}$$

設問 6.5 0.02 M Tris・HNO$_3$（pH 7.40）のトリス緩衝溶液 1 L を作りたい。20 mmol（2.42g）の Tris に何 ml の濃 HNO$_3$（比重 1.42，70 %）を加えて 1 L とすればよいか。

解

	Tris	+	HNO$_3$	$\longrightarrow$	TrisH$^+$	+	NO$_3^-$
平衡前	20 mmol		x mmol		0		0
平衡後	$20 - x$		0		x		x

設問 6.4 より pH 7.40 の Tris 緩衝溶液を作るには，$\dfrac{[\mathrm{Tris}]}{[\mathrm{Tris\,H^+}]} = 0.21$ となるように HNO_3 を加えなければならない。

$$\frac{20-x}{x} = 0.21 \qquad x = 16.5 \text{ mmol}$$

HNO_3 の分子量は 63.01

$$63.01 \times 0.0165 = 1.04 \text{ g}$$

加える濃 HNO_3 を y ml とすると

$$y \text{ m}l \times 1.42 \times 0.70 = 1.04$$

$$y = \frac{1.04}{1.42 \times 0.70} = 1.05 \text{ m}l$$

7 多塩基酸の多段階解離

目 標

ヒトの血液のpHは7.40である。このpHで血液中のリン酸はどのようなイオン種で存在しているのであろうか。一方，海水のpHは8.00である。海水に溶けた炭酸はどのようなイオン種で存在しているのであろうか。

多塩基酸 polyprotic acid
　イオン化してできるH^+を2つ以上持っている酸
　ex. H_2SO_4, H_2CO_3, H_3PO_4 など

多酸塩基 polyhydroxy base
　イオン化してできるOH^-を2つ以上持っている塩基
　ex. $Ca(OH)_2$, $Ba(OH)_2$, $Fe(OH)_3$ など

Excel表計算ソフトを使えるようにする。

この章では，多塩基酸の多段階解離平衡を学ぶ。多塩基酸としてリン酸（H_3PO_4）と炭酸（H_2CO_3）を例にして，溶液の pH を変化させた時の各イオン種の割合（α）を求め，どのような化学形態で存在しているかを定量的に議論できるようにする。

7-1　リン酸 H_3PO_4 の解離

$$H_3PO_4 \rightleftharpoons H^+ + H_2PO_4^- \qquad K_{a1}$$
$$H_2PO_4^- \rightleftharpoons H^+ + HPO_4^{2-} \qquad K_{a2}$$
$$HPO_4^{2-} \rightleftharpoons H^+ + PO_4^{3-} \qquad K_{a3}$$

$$K_{a1} = \frac{[H^+][H_2PO_4^-]}{[H_3PO_4]} = 1.1 \times 10^{-2} \ (pK_{a1} = 1.96)$$

$$K_{a2} = \frac{[H^+][HPO_4^{2-}]}{[H_2PO_4^-]} = 7.5 \times 10^{-8} \ (pK_{a2} = 7.125)$$

$$K_{a3} = \frac{[H^+][PO_4^{3-}]}{[HPO_4^{2-}]} = 4.8 \times 10^{-13} \ (pK_{a3} = 12.32)$$

一般に，多段階解離では，K_{a1}，K_{a2}，K_{a3}……となるにつれ，その解離定数は極端に小さくなってゆく。

7-2　リン酸の塩の解離

リン酸の共役塩基も多段階解離する。

$$PO_4^{3-} + H_2O \rightleftharpoons HPO_4^{2-} + OH^- \qquad K_{b1}$$
$$HPO_4^{2-} + H_2O \rightleftharpoons H_2PO_4^- + OH^- \qquad K_{b2}$$
$$H_2PO_4^- + H_2O \rightleftharpoons H_3PO_4 + OH^- \qquad K_{b3}$$

$$K_{b1} = \frac{[HPO_4^{2-}][OH^-]}{[PO_4^{3-}]} = \frac{K_w}{K_{a3}} = 2.08 \times 10^{-2}$$

$$K_{b2} = \frac{[H_2PO_4^-][OH^-]}{[HPO_4^{2-}]} = \frac{K_w}{K_{a2}} = 1.33 \times 10^{-7}$$

$$K_{b3} = \frac{[H_3PO_4][OH^-]}{[H_2PO_4^-]} = \frac{K_w}{K_{a1}} = 9.09 \times 10^{-13}$$

K_{b1}，K_{b2}，K_{b3} となるにつれ，その解離定数は極端に小さくなってゆく。

7-3　pHを変化させた時の各リン酸イオン種の割合

リン酸は以下の4つの化学形態が存在する。
全リン酸濃度を $C_{H_3PO_4}$ とすると

$$C_{H_3PO_4} = [H_3PO_4] + [H_2PO_4^-] + [HPO_4^{2-}] + [PO_4^{3-}]$$

全リン酸濃度に対して $[H_3PO_4]$ として存在する割合を α_0，$[H_2PO_4^-]$ として存在する割合を α_1，$[HPO_4^{2-}]$ として存在する割合を α_2，$[PO_4^{3-}]$ として存在する割合を α_3 とすると

$$\alpha_0 = \frac{[H_3PO_4]}{C_{H_3PO_4}} \quad \alpha_1 = \frac{[H_2PO_4^-]}{C_{H_3PO_4}}$$

$$\alpha_2 = \frac{[HPO_4^{2-}]}{C_{H_3PO_4}} \quad \alpha_3 = \frac{[PO_4^{3-}]}{C_{H_3PO_4}}$$

となる。

α_0 の時に，$C_{H_3PO_4}$ を $[H_3PO_4]$ と $[H^+]$，それに $K_{a1}, K_{a2}, K_{a3}, K_{a4}$ のみで表すと，分母と分子で $[H_3PO_4]$ が消える。

$$\alpha_0 = \frac{[H_3PO_4]}{[H_3PO_4] + \frac{K_{a1}[H_3PO_4]}{[H^+]} + \frac{K_{a1}K_{a2}[H_3PO_4]}{[H^+]^2} + \frac{K_{a1}K_{a2}K_{a3}[H_3PO_4]}{[H^+]^3}}$$

分母・分子に $[H^+]^3$ をかけて

$$\alpha_0 = \frac{[H^+]^3}{[H^+]^3 + K_{a1}[H^+]^2 + K_{a1}K_{a2}[H^+] + K_{a1}K_{a2}K_{a3}} \tag{1}$$

同様に，α_1 の時 $C_{H_3PO_4}$ を $[H_2PO_4^-]$ と $[H^+]$，それに K_{a1}, K_{a2}, K_{a3} のみで表すと，分母と分子で $[H_2PO_4^-]$ が消えて

$$\alpha_1 = \frac{K_{a1}[H^+]^2}{[H^+]^3 + K_{a1}[H^+]^2 + K_{a1}K_{a2}[H^+] + K_{a1}K_{a2}K_{a3}} \tag{2}$$

となる。

同様に，α_2 の時 $C_{H_3PO_4}$ を $[HPO_4^{2-}]$ と $[H^+]$，それに K_{a1}, K_{a2}, K_{a3} のみで表すと，分母と分子で $[HPO_4^{2-}]$ が消えて

$$\alpha_2 = \frac{K_{a1}K_{a2}[H^+]}{[H^+]^3 + K_{a1}[H^+]^2 + K_{a1}K_{a2}[H^+] + K_{a1}K_{a2}K_{a3}} \tag{3}$$

となる。

同様に，α_3 の時 $C_{H_3PO_4}$ を $[PO_4^{3-}]$ と $[H^+]$，それに K_{a1}, K_{a2}, K_{a3} のみで表すと，分母と分子で $[PO_4^{3-}]$ が消えて

$$\alpha_3 = \frac{K_{a1}K_{a2}K_{a3}}{[H^+]^3 + K_{a1}[H^+]^2 + K_{a1}K_{a2}[H^+] + K_{a1}K_{a2}K_{a3}} \tag{4}$$

pH の値を 0 から 14 まで変化させた時の $\alpha_0, \alpha_1, \alpha_2, \alpha_3$ を上記の式 (1)，式 (2)，式 (3)，式 (4) を使って，表計算ソフト（Excel）で計算しプロットするとつぎのようになる（図 7-1）。

Microsoft Office
・Word（ワードプロセッサ）
・Excel（表計算ソフト）
・Power point（プレゼンテーションソフト）

　以上 3 つのソフトウェアは使えるようにしよう。これらのソフトウェアを使える人と使えない人では，これからの勉強なり仕事の量に大きな差が生じる。ここでは，Excel（表計算ソフト）を使ってみよう。表計算ソフトでは，数値の入力とグラフを見ながら思考することができるのがとても便利である。数値を変更すればたちどころにグラフも自動的に変更される。いちいち手でグラフを書いていたら多大なる労力と時間を要する。また，数値の入力も，規則正しく変化するのであれば，コピーとペースト（貼り付け）を繰り返すことにより入力の労力を削減できる。

Excel への入力

	A	B	C	D
1	pH	0	1	2
2	[H^+]	1.00E+00		
3	$\alpha 0$	9.89E-01		
4	$\alpha 1$	1.09E-02		
5	$\alpha 2$	8.16E-10		
6	$\alpha 3$	3.92E-22		
7	Ka1	1.10E-02	1.10E-02	1.10E-02
8	Ka2	7.50E-08	7.50E-08	7.50E-08
9	Ka3	4.80E-13	4.80E-13	4.80E-13
10				

Excel では，列（A, B, C, D…）と行（1, 2, 3, 4…）の組み合わせで1つのセルを表記する。上の例では，A1 のセルに pH，A2 のセルに [H^+] が書かれている。

B2 のセル＝ 10^(−B1)

B3 のセル＝
　　B2^3/(B2^3+B7*B2^2+B7*B8*B2^1+B7*B8*B9)

B4 のセル＝
　　B7*B2^2/(B2^3+B7*B2^2+B7*B8*B2^1+B7*B8*B9)

B5 のセル＝
　　B7*B8*B2/(B2^3+B7*B2^2+B7*B8*B2^1+B7*B8*B9)

B6 のセル＝
　　B7*B8*B9/(B2^3+B7*B2^2+B7*B8*B2^1+B7*B8*B9)

B2〜B6 をコピーして，C2 から P6 までペースト（貼り付け）する。

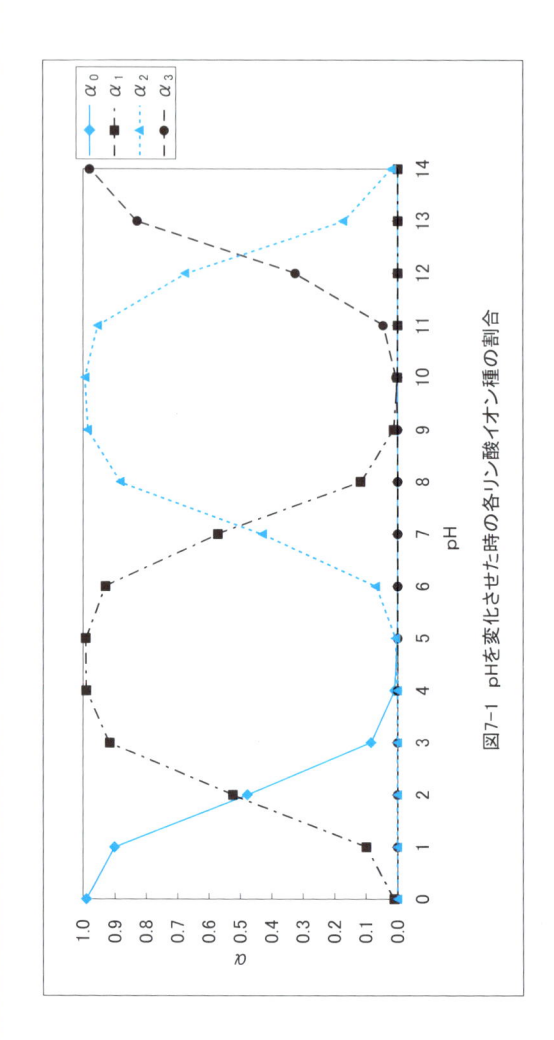

pH	0	1	2	3	4	5	6	7	8	9	10	11	12	13	14
[H⁺]	1.00E+00	1.00E-01	1.00E-02	1.00E-03	1.00E-04	1.00E-05	1.00E-06	1.00E-07	1.00E-08	1.00E-09	1.00E-10	1.00E-11	1.00E-12	1.00E-13	1.00E-14
α₀	9.89E-01	9.01E-01	4.76E-01	8.33E-02	9.00E-03	9.02E-04	8.46E-05	5.19E-06	1.07E-07	1.20E-09	1.20E-11	1.16E-13	8.19E-16	2.09E-18	2.47E-21
α₁	1.09E-02	9.91E-02	5.24E-01	9.17E-01	9.90E-01	9.92E-01	9.30E-01	5.71E-01	1.18E-01	1.32E-02	1.33E-03	1.27E-04	9.01E-06	2.30E-07	2.72E-09
α₂	8.16E-10	7.43E-08	3.93E-06	6.87E-05	7.43E-04	7.44E-03	6.98E-02	4.29E-01	8.82E-01	9.86E-01	9.94E-01	9.54E-01	6.76E-01	1.72E-01	2.04E-02
α₃	3.92E-22	3.57E-19	1.89E-16	3.30E-14	3.56E-12	3.57E-10	3.35E-08	2.06E-06	4.24E-05	4.73E-04	4.77E-03	4.58E-02	3.24E-01	8.28E-01	9.80E-01
K_{a1}	1.10E-02	1.10E-02	1.10E-02	1.10E-02	1.10E-02	1.10E-02	1.10E-02	1.10E-02	1.10E-02	1.10E-02	1.10E-02	1.10E-02	1.10E-02	1.10E-02	1.10E-02
K_{a2}	7.50E-08	7.50E-08	7.50E-08	7.50E-08	7.50E-08	7.50E-08	7.50E-08	7.50E-08	7.50E-08	7.50E-08	7.50E-08	7.50E-08	7.50E-08	7.50E-08	7.50E-08
K_{a3}	4.80E-13	4.80E-13	4.80E-13	4.80E-13	4.80E-13	4.80E-13	4.80E-13	4.80E-13	4.80E-13	4.80E-13	4.80E-13	4.80E-13	4.80E-13	4.80E-13	4.80E-13

図7-1 pHを変化させた時の各リン酸イオン種の割合

7-4　リン酸塩緩衝液

図 7-1 で，α_0 と α_1 が交わる pH = 1.96 付近では，$[H_3PO_4]$ と $[H_2PO_4^-]$ とが共存する緩衝溶液となり，α_1 と α_2 が交わる pH = 7.12 付近では，$[H_2PO_4^-]$ と $[HPO_4^{2-}]$ とが共存する緩衝溶液となり，α_2 と α_3 が交わる pH = 12.32 付近では，$[HPO_4^{2-}]$ と $[PO_4^{3-}]$ とが共存する緩衝溶液となる。すなわち，適当なリン酸塩の混合物を選べば広い範囲の pH 値を持った溶液を調製できる。その時の pH はヘンダーソン–ハッセルバルクの式を使って以下のように求めることができる。

$$\text{pH} = \text{p}K_{a1} + \log \frac{[H_2PO_4^-]}{[H_3PO_4]} = 1.96 + \log \frac{[H_2PO_4^-]}{[H_3PO_4]}$$

$$\text{pH} = \text{p}K_{a2} + \log \frac{[HPO_4^{2-}]}{[H_2PO_4^-]} = 7.125 + \log \frac{[HPO_4^{2-}]}{[H_2PO_4^-]}$$

$$\text{pH} = \text{p}K_{a3} + \log \frac{[PO_4^{3-}]}{[HPO_4^{2-}]} = 12.32 + \log \frac{[PO_4^{3-}]}{[HPO_4^{2-}]}$$

リン酸は，pH = pK_{a1} = 1.96，pH = pK_{a2} = 7.125，pH = pK_{a3} = 12.32 で緩衝容量最大の溶液となる。

設問 7.1　血液試料の全リン酸塩濃度は，分光学的測定で 3.0×10^{-3} M であった。血液の pH が 7.40 であるならば，その時のリン酸のイオン種とその濃度を求めよ。

解　pH 7.40 では $[H_2PO_4^-]$ と $[HPO_4^{2-}]$ とが共存する緩衝液である。その緩衝液の pH は

$$\text{pH} = \text{p}K_{a2} + \log \frac{[HPO_4^{2-}]}{[H_2PO_4^-]}$$

$$= 7.125 + \log \frac{[HPO_4^{2-}]}{[H_2PO_4^-]}$$

で表せる。

$[H_2PO_4^-] = x$　　$[HPO_4^{2-}] = y$　とおくと

$$\begin{cases} x + y = 3.0 \times 10^{-3} & \cdots\cdots(1) \\ 7.40 = 7.125 + \log \dfrac{y}{x} & \cdots\cdots(2) \end{cases}$$

式(2)より $\dfrac{y}{x} = 10^{0.275} = 1.884$

これを式(1)に代入して

$x + 1.884x = 0.003 \qquad 2.884x = 0.003$

$\begin{cases} x = 0.00104 \text{ M} & [\text{H}_2\text{PO}_4^-] = 1.04 \times 10^{-3} \text{ M} \\ y = 0.00196 \text{ M} & [\text{HPO}_4^{2-}] = 1.96 \times 10^{-3} \text{ M} \end{cases}$

7-5　炭酸 H_2CO_3 の解離

$$H_2CO_3 \rightleftharpoons H^+ + HCO_3^- \qquad K_{a1}$$
$$HCO_3^- \rightleftharpoons H^+ + CO_3^{2-} \qquad K_{a2}$$

$$K_{a1} = \dfrac{[\text{H}^+][\text{HCO}_3^-]}{[\text{H}_2\text{CO}_3]} = 4.3 \times 10^{-7} \quad (\text{p}K_{a1} = 6.37)$$

$$K_{a2} = \dfrac{[\text{H}^+][\text{CO}_3^{2-}]}{[\text{HCO}_3^-]} = 4.8 \times 10^{-11} \quad (\text{p}K_{a2} = 10.3)$$

7-6　炭酸の塩の解離

炭酸の共役塩基も多段階解離する。

$$CO_3^{2-} + H_2O \rightleftharpoons HCO_3^- + OH^- \qquad K_{b1}$$
$$HCO_3^- + H_2O \rightleftharpoons H_2CO_3 + OH^- \qquad K_{b2}$$

$$K_{b1} = \dfrac{[\text{HCO}_3^-][\text{OH}^-]}{[\text{CO}_3^{2-}]} = \dfrac{K_w}{K_{a2}} = 2.08 \times 10^{-4}$$

$$K_{b2} = \dfrac{[\text{H}_2\text{CO}_3][\text{OH}^-]}{[\text{HCO}_3^-]} = \dfrac{K_w}{K_{a1}} = 2.33 \times 10^{-8}$$

7-7　pHを変化させた時の各炭酸イオン種の割合

炭酸は以下の3つの化学形態が存在する。
全炭酸濃度を $C_{H_2CO_3}$ とすると

$$C_{H_2CO_3} = [H_2CO_3] + [HCO_3^-] + [CO_3^{2-}]$$

となり，各炭酸イオン種の割合は以下の式で表される。

$$\alpha_0 = \frac{[H_2CO_3]}{C_{H_2CO_3}} = \frac{[H^+]^2}{[H^+]^2 + K_{a1}[H^+] + K_{a1}K_{a2}} \tag{5}$$

$$\alpha_1 = \frac{[HCO_3^-]}{C_{H_2CO_3}} = \frac{K_{a1}[H^+]}{[H^+]^2 + K_{a1}[H^+] + K_{a1}K_{a2}} \tag{6}$$

$$\alpha_2 = \frac{[CO_3^{2-}]}{C_{H_2CO_3}} = \frac{K_{a1}K_{a2}}{[H^+]^2 + K_{a1}[H^+] + K_{a1}K_{a2}} \tag{7}$$

pHを0から14まで変化させた時の $\alpha_0, \alpha_1, \alpha_2$ を上記の式(5)，式(6)，式(7)を使って，表計算ソフト(Excel)で計算しプロットすると以下のようになる(図7-2)。

炭酸は，pH = pK_{a1} = 6.37，pH = pK_{a2} = 10.3 で緩衝容量最大の溶液となる。

pH	0	1	2	3	4	5	6	7	8	9	10	11	12	13	14
$[H^+]$	1.00E+00	1.00E-01	1.00E-02	1.00E-03	1.00E-04	1.00E-05	1.00E-06	1.00E-07	1.00E-08	1.00E-09	1.00E-10	1.00E-11	1.00E-12	1.00E-13	1.00E-14
α_0	1.00E+00	1.00E+00	1.00E+00	1.00E+00	9.96E-01	9.59E-01	6.99E-01	1.89E-01	2.26E-02	2.21E-03	1.57E-04	4.01E-06	4.75E-08	4.83E-10	4.84E-12
α_1	4.30E-07	4.30E-06	4.30E-05	4.30E-04	4.28E-03	4.12E-02	3.01E-01	8.11E-01	9.73E-01	9.52E-01	6.76E-01	1.72E-01	2.04E-02	2.08E-03	2.08E-04
α_2	2.06E-17	2.06E-15	2.06E-13	2.06E-11	2.06E-09	1.98E-07	1.44E-05	3.89E-04	4.67E-03	4.57E-02	3.24E-01	8.28E-01	9.80E-01	9.98E-01	1.00E+00
K_{a1}	4.30E-07	4.30E-07	4.30E-07	4.30E-07	4.30E-07	4.30E-07	4.30E-07	4.30E-07	4.30E-07	4.30E-07	4.30E-07	4.30E-07	4.30E-07	4.30E-07	4.30E-07
K_{a2}	4.80E-11	4.80E-11	4.80E-11	4.80E-11	4.80E-11	4.80E-11	4.80E-11	4.80E-11	4.80E-11	4.80E-11	4.80E-11	4.80E-11	4.80E-11	4.80E-11	4.80E-11

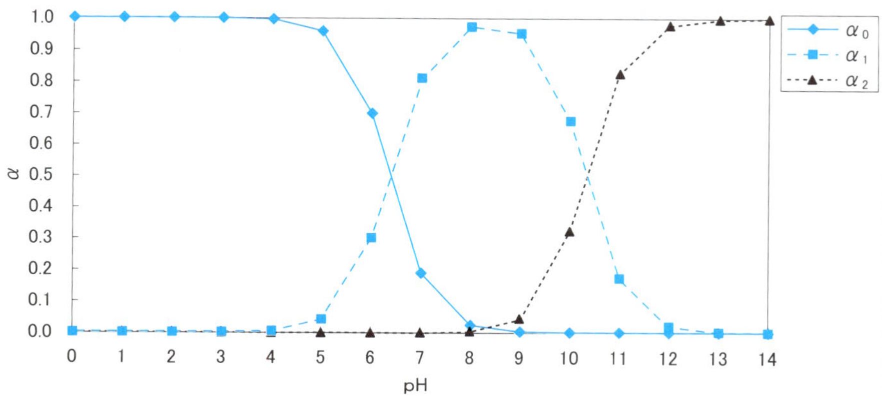

図7-2 pHを変化させた時の各炭酸イオン種の割合

設問 7.2 大気中の CO_2 の濃度は 356 ppm である。20℃, 1 atm の空気と接している純水は, CO_2 が溶けることにより pH はいくらになるか。ただし, CO_2 の 20℃での水への溶解度は, 標準状態（0℃, 1 atm）で 880 ml／水 1 L である。

解 標準状態で 880 ml の CO_2 の物質量は

$$\frac{880}{22400} = 0.0393 \text{ M}$$

CO_2 の大気中濃度が 356 ppm ＝ 0.0356 %であるので, CO_2 の分圧は, 0.000356 atm となる。

気体の溶解度（物質量）は分圧に比例する（ヘンリー（Henry）の法則）ので, 1 L の水に溶ける CO_2 の物質量は

$0.0393 \times 0.000356 = 1.40 \times 10^{-5}$ mol

CO_2 のモル濃度は 1.40×10^{-5} M となる。

$$H_2CO_3 \rightleftharpoons H^+ + HCO_3^- \quad K_{a1} = 4.3 \times 10^{-7}$$

平衡後 $1.4 \times 10^{-5} - x \quad x \quad x$

$$K_{a1} = \frac{x * x}{1.40 \times 10^{-5} - x} = 4.3 \times 10^{-7} \quad \leftarrow \text{無視できない}$$

$x^2 + 4.3 \times 10^{-7} \, x - 6.02 \times 10^{-12} = 0$

この二次方程式を解いて

$x = 2.248 \times 10^{-6}$ M

$\text{pH} = -\log(2.248 \times 10^{-6})$
$= 6 - \log 2.248 = 5.65$

設問 7.3 海水の pH は世界中どこで測っても pH ＝ 8.00 で一定している。海水中に溶けた炭酸はどのようなイオン種で存在しているか。

解 図 7-2 より pH ＝ 8.0 では全体の 97%が HCO_3^- として存在していることがわかる。

8 多塩基酸の塩

目 標

pHメータの校正に使われている標準液(pH 4：フタル酸塩溶液，pH 7：リン酸塩溶液)には，どのような溶液が用いられているかを理解する。

リン酸とその塩

H_3PO_4　　　弱酸と同じ扱い
NaH_2PO_4 ⎫　多塩基酸の塩のうち，Hを含む(酸性塩)塩
Na_2HPO_4 ⎭　の一般式を MHA と表す。
Na_3PO_4　　弱酸の塩と同じ扱い

ここでは，多塩基酸の塩の解離平衡を学ぶ。多塩基酸の塩のうち，Hを含む(酸性塩)塩は，濃度によらずpHが一定になることを理解する。たとえば，KH_2PO_4とNa_2HPO_4のpHは濃度によらず，それぞれ4.54と9.72と一定であり，o-フタル酸カリウム（KHP）のpHは濃度によらず4.17と一定である。

8-1 多塩基酸の酸性塩MHAのpH

$$MHA \longrightarrow M^+ + HA^- \quad （完全解離）$$

HA^-は酸でもあり塩基でもあり，両性（amphoteric）の性質を示す。

酸として

$$HA^- \rightleftarrows H^+ + A^{2-}$$

$$K_{a2} = \frac{[H^+][A^{2-}]}{[HA^-]}$$

1つ小さいa2からa1

塩基として（加水分解反応）

$$HA^- + H_2O \rightleftarrows H_2A + OH^-$$

$$K_{b2} = \frac{[H_2A][OH^-]}{[HA^-]} = \frac{[OH^-][H^+]}{\frac{[HA^-][H^+]}{[H_2A]}} = \frac{K_w}{K_{a1}}$$

溶液中の$[H^+]$は

$$[H^+] = [H^+]_{H_2O} + [H^+]_{HA^-} - [OH^-]_{HA^-}$$

もしも，$[H^+]_{HA^-}$が十分に大きければ$[H^+]_{H_2O}$は無視できる。

$$= [OH^-]_{H_2O} + [A^{2-}] - [H_2A]$$

← この$[OH^-]$は水が解離して生成されるOH^-を考える。

$$= \frac{K_w}{[H^+]} + \frac{K_{a2}[HA^-]}{[H^+]} - \frac{[HA^-][H^+]}{K_{a1}}$$

← この$[H^+]$は溶液中のすべてのH^+を考える。

両辺に$[H^+]$をかけて

$$[H^+]^2 = \frac{K_w + K_{a2}[HA^-]}{\left(1 + \dfrac{[HA^-]}{K_{a1}}\right)}$$

$$[H^+] = \sqrt{\frac{K_{a1}K_w + K_{a1}K_{a2}[HA^-]}{K_{a1} + [HA^-]}}$$

ここで，$K_{a1}K_w \ll K_{a1}K_{a2}[\text{HA}^-]$
$K_{a1} \ll [\text{HA}^-]$ $\Bigg\}$ ならば

すなわち，$[\text{HA}^-]$ が十分大きければ

$$[\text{H}^+] = \sqrt{K_{a1} \cdot K_{a2}}$$

となり，塩の濃度によらず pH は一定となる。

NaHCO_3（酸性塩）は Na_2CO_3（0.1 M の時 pH 11.66 と塩基性）よりも酸性側に傾くが，まだ塩基性である。正確な pH は

$$[\text{H}^+] = \sqrt{K_{a1} \cdot K_{a2}}$$
$$= \sqrt{4.3 \times 10^{-7} * 4.8 \times 10^{-11}}$$
$$= \sqrt{20.64 \times 10^{-18}} = 4.54 \times 10^{-9}$$

$$\text{pH} = -\log(4.54 \times 10^{-9}) = 8.34$$

（塩基性である）

NaHSO_4（酸性塩）は Na_2SO_4（0.1 M の時中性）よりも酸性側に傾く。よって酸性である。正確な pH は

$$[\text{H}^+] = \sqrt{K_{a1} \cdot K_{a2}}$$
$$= \sqrt{1 * 1.2 \times 10^{-2}}$$
$$= \sqrt{1.095 \times 10^{-1}}$$

$$\text{pH} = -\log(1.095 \times 10^{-1}) = 0.961$$

（酸性である）

設問 8.1 H_3PO_4 の 0.100 M 溶液の pH はいくらか（これは弱酸の問題と同じ）。

解 $\text{H}_3\text{PO}_4 \rightleftharpoons \text{H}^+ + \text{H}_2\text{PO}_4^-$

平衡前 0.100　　　　0　　　0

平衡後 $0.100 - x$　　x　　x

2 段目以降の解離から生成される $[\text{H}^+]$ はごくわずかなので無視できる。

$$K_{a1} = \frac{x * x}{0.100 - x} = 1.1 \times 10^{-2}$$ ← 無視できない

$$x^2 + 1.1 \times 10^{-2}\, x - 1.1 \times 10^{-3} = 0$$

この二次方程式を解いて

$$x = 0.028 \text{ M}（リン酸は 28\%イオン化している）$$

$$\text{pH} = -\log(0.028) = 1.55$$

設問 8.2　Na_3PO_4 の 0.100 M 溶液の pH はいくらか（これは弱酸の塩の問題と同じ）。

解　$Na_3PO_4 \longrightarrow 3Na^+ + PO_4^{3-}$　（完全解離）

PO_4^{3-} は加水分解反応を起こし

$$PO_4^{3-} + H_2O \rightleftharpoons HPO_4^{2-} + OH^-$$

平衡前　0.100　　　　　　　　0　　　　0

平衡後　0.100 − x　　　　　　x　　　　x

2段目以降の解離から生成される［OH^-］はごくわずかなので無視できる。

$$K_{b1} = \frac{[HPO_4^{2-}][OH^-]}{[PO_4^{3-}]} = \frac{K_w}{K_{a3}}$$

$$= \frac{1.0 \times 10^{-14}}{4.8 \times 10^{-13}} = 0.020$$

$$K_{b1} = \frac{x * x}{0.100 - x} = 0.020 \quad \leftarrow \text{無視できない}$$

$x^2 + 0.020x - 2.0 \times 10^{-3} = 0$

この二次方程式を解いて

$x = 0.036$ M

pOH $= -\log(0.036) = 1.44$

pH $= 14 - 1.44 = 12.56$

設問 8.3　KH_2PO_4 の 0.100 M 溶液の pH はいくらか。

解　$KH_2PO_4 \longrightarrow K^+ + H_2PO_4^-$　（完全解離）

$H_2PO_4^-$ は両性である。

酸として

$$H_2PO_4^- \rightleftharpoons H^+ + HPO_4^{2-} \qquad K_{a2}$$

塩基として

$$H_2PO_4^- + H_2O \rightleftharpoons H_3PO_4 + OH^-$$

$$K_{b3} = \frac{K_w}{K_{a1}}$$

1つ小さい a2 から a1

$$[\text{H}^+] = \sqrt{K_{a1} \cdot K_{a2}}$$
$$= \sqrt{1.1 \times 10^{-2} \times 7.5 \times 10^{-8}}$$
$$= 2.87 \times 10^{-5}$$
$$\text{pH} = -\log(2.87 \times 10^{-5}) = 4.54$$

設問 8.4 Na_2HPO_4 の 0.100 M 溶液の pH はいくらか。

解 $Na_2HPO_4 \longrightarrow 2Na^+ + HPO_4^{2-}$ （完全解離）

HPO_4^{2-} は両性である。

酸として
$$HPO_4^{2-} \rightleftarrows H^+ + PO_4^{3-} \quad K_{a3}$$

塩基として
$$HPO_4^{2-} + H_2O \rightleftarrows H_2PO_4^- + OH^-$$

$$K_{b2} = \frac{K_w}{K_{a2}}$$

1つ小さい a3 から a2

$$[\text{H}^+] = \sqrt{K_{a2} \cdot K_{a3}}$$
$$= \sqrt{7.5 \times 10^{-8} \times 4.8 \times 10^{-13}}$$
$$= 1.9 \times 10^{-10}$$
$$\text{pH} = -\log(1.9 \times 10^{-10}) = 9.72$$

リン酸は，H_3PO_4 と $H_2PO_4^-$ の共存下で pH = pK_{a1} = 1.96 付近で緩衝溶液となり，$H_2PO_4^-$ と HPO_4^{2-} の共存下で pH = pK_{a2} = 7.125 付近で緩衝溶液となり，HPO_4^{2-} と PO_4^{3-} の共存下で pH = pK_{a3} = 12.32 となり，pH の広い範囲で緩衝溶液となる。

Na_2HPO_4 と KH_2PO_4 の混合溶液が pH 標準液（pH7）として用いられている。

リン酸塩の pH 標準液（pH7）では

$$\text{pH} = \text{p}K_{a2} + \log\frac{[HPO_4^{2-}]}{[H_2PO_4^-]}$$
$$\parallel$$
$$7.125$$

で表わされる。

設問 8.5 エチレンジアミン四酢酸 (EDTA) はキレート剤としてよく用いられる多塩基酸である。

$$\begin{array}{c}\text{ⒽOOC} \\ \text{ⒽOOC}\end{array}\!\!\!\!\diagdown\text{N}-\text{CH}_2-\text{CH}_2-\text{N}\!\!\diagup\!\!\!\!\begin{array}{c}\text{COOⒽ} \\ \text{COOⒽ}\end{array} \equiv \boxed{\text{H}_4\text{Y}}\text{ と略す。}$$

0.100 M の Na_2H_2Y 水溶液の pH はいくらか。

解 $Na_2H_2Y \longrightarrow 2Na^+ + H_2Y^{2-}$ （完全解離）

H_2Y^{2-} は両性を示す。

酸として

$$H_2Y^{2-} \rightleftharpoons H^+ + HY^{3-} \quad \textcircled{K_{a3}}$$

塩基として

$$H_2Y^{2-} + H_2O \rightleftharpoons H_3Y^- + OH^-$$

$$K_{b3} = \frac{K_w}{\textcircled{K_{a2}}}$$

1つ小さい a3 から a2

$$[H^+] = \sqrt{K_{a2} \cdot K_{a3}} = \sqrt{2.2 \times 10^{-3} \times 6.9 \times 10^{-7}}$$
$$= 3.9 \times 10^{-5}$$

$$pH = -\log(3.9 \times 10^{-5}) = 4.41$$

設問 8.6 o-フタル酸の 0.0100 M 溶液の pH はいくらか（これは弱酸の問題と同じ）。

$$\underset{}{\bigcirc}\!\!\!\!\!\begin{array}{c}\text{COO H} \\ \text{COO H}\end{array} \equiv H_2P \text{ と略す。}$$

解 $H_2P \rightleftharpoons H^+ + HP^-$

平衡前 0.01　　　　0　　0
平衡後 0.01$-x$　　x　　x

2段目の解離から生成される [H^+] はごくわずかなので無視できる。

$$K_{a1} = \frac{x*x}{0.01-x} = 1.2 \times 10^{-3} \quad \leftarrow \text{無視できない}$$

$$x^2 + 1.2 \times 10^{-3}\,x - 1.2 \times 10^{-5} = 0$$

この二次方程式を解いて

$$x = 2.9 \times 10^{-3}\,M \text{（フタル酸は29％イオン化している）}$$

$$\text{pH} = -\log(2.9 \times 10^{-3}) = 2.54$$

設問 8.7 o-フタル酸カリウムの $0.0100\,\text{M}$ 溶液の pH はいくらか(これは弱酸の塩の問題と同じ)。

解 $K_2P \longrightarrow 2K^+ + P^{2-}$ (完全解離)

P^{2-} は加水分解反応を起こし

$$P^{2-} + H_2O \rightleftharpoons HP^- + OH^-$$

平衡前 0.01 $\qquad\qquad\qquad$ 0 $\quad\;\;$ 0

平衡後 $0.01-x$ $\qquad\qquad\quad\;$ x $\quad\;\;$ x

2段目の解離から生成される $[OH^-]$ はごくわずかなので無視できる。

$$K_{b1} = \frac{[HP^-][OH^-]}{[P^{2-}]} = \frac{K_w}{K_{a2}} = 2.56 \times 10^{-9}$$

$$K_{b1} = \frac{x*x}{0.01-x} = 2.56 \times 10^{-9} \quad \leftarrow \text{無視できる}$$

$$x = \sqrt{25.6 \times 10^{-12}} = 5.06 \times 10^{-6}\,\text{M}$$

$$\text{pOH} = -\log(5.06 \times 10^{-6}) = 5.296$$

$$\text{pH} = 14 - 5.30 = 8.70$$

設問 8.8 o-フタル酸水素カリウムの $0.0100\,\text{M}$ 溶液の pH はいくらか。

解 $KHP \longrightarrow K^+ + HP^-$ (完全解離)

HP^- は両性である。

酸として

$$HP^- \rightleftharpoons H^+ + P^{2-} \qquad \boxed{K_{a2}}$$

塩基として

$$HP^- + H_2O \rightleftharpoons H_2P + OH^-$$

$$K_{b2} = \frac{K_w}{\boxed{K_{a1}}}$$

1つ小さい a2 から a1

$$[H^+] = \sqrt{K_{a1} \cdot K_{a2}}$$
$$= \sqrt{1.2 \times 10^{-3} \times 3.9 \times 10^{-6}}$$
$$= 6.84 \times 10^{-5}$$

$$\mathrm{pH} = -\log(6.84 \times 10^{-5}) = 4.17$$

このo-フタル酸水素カリウム溶液がpH標準液(pH 4)として用いられている。

9 酸-塩基滴定

目標

高純度（99.97％以上の純度）の Na_2CO_3 を用いて，塩酸の正確な濃度を決定する（標定という）。

　9章では，4章から8章まで学んだ酸・塩基の解離平衡を応用して，酸・塩基滴定を学ぶ。以下に，酸と塩基の考えられる組み合わせと，その滴定曲線（tiration curve）を示す（図9-1）。

① 強酸を強塩基で滴定
　　0.10 M HCl 50 ml を 0.10 M NaOH で滴定する。
　　HCl + NaOH $\longrightarrow$ NaCl + H_2O
　　図 9-1 の滴定曲線 D $\longrightarrow$ E

② 弱酸または弱塩基の塩を強塩基で滴定
　　0.10 M HOAc 50 ml を 0.10 M NaOH で滴定する。
　　HOAc + NaOH $\longrightarrow$ NaOAc + H_2O
　　図 9-1 の滴定曲線 C $\longrightarrow$ E

③ 弱塩基または弱酸の塩を強酸で滴定
　　0.10 M NH_3 水 50 ml を 0.10 M HCl で滴定する。
　　NH_3 + HCl $\longrightarrow$ NH_4Cl
　　図 9-1 の滴定曲線 B $\longrightarrow$ F

④ 強塩基を強酸で滴定
　　0.10 M NaOH 50 ml を 0.10 M HCl で滴定する。
　　NaOH + HCl $\longrightarrow$ NaCl + H_2O
　　図 9-1 の滴定曲線 A → F

9. 酸塩基滴定

滴定量(mL)	0	5	10	15	20	25	30	35	40	45	50	55	60	65	70	75	80	85	90	95	100
強酸−強塩基	1.00	1.09	1.18	1.27	1.37	1.48	1.60	1.75	1.95	2.28	7.00	11.68	11.96	12.12	12.22	12.30	12.36	12.41	12.46	12.49	12.52
弱酸−強塩基	2.88	3.81	4.16	4.39	4.58	4.76	4.94	5.13	5.36	5.71	8.73	11.68	11.96	12.12	12.22	12.30	12.36	12.41	12.46	12.49	12.52
弱塩基−強酸	11.12	10.19	9.84	9.61	9.42	9.24	9.06	8.87	8.64	8.29	5.27	2.32	2.04	1.88	1.78	1.70	1.64	1.59	1.54	1.51	1.48
強塩基−強酸	13.00	12.91	12.82	12.73	12.63	12.52	12.40	12.25	12.05	11.72	7.00	2.32	2.04	1.88	1.78	1.70	1.64	1.59	1.51	1.51	1.48

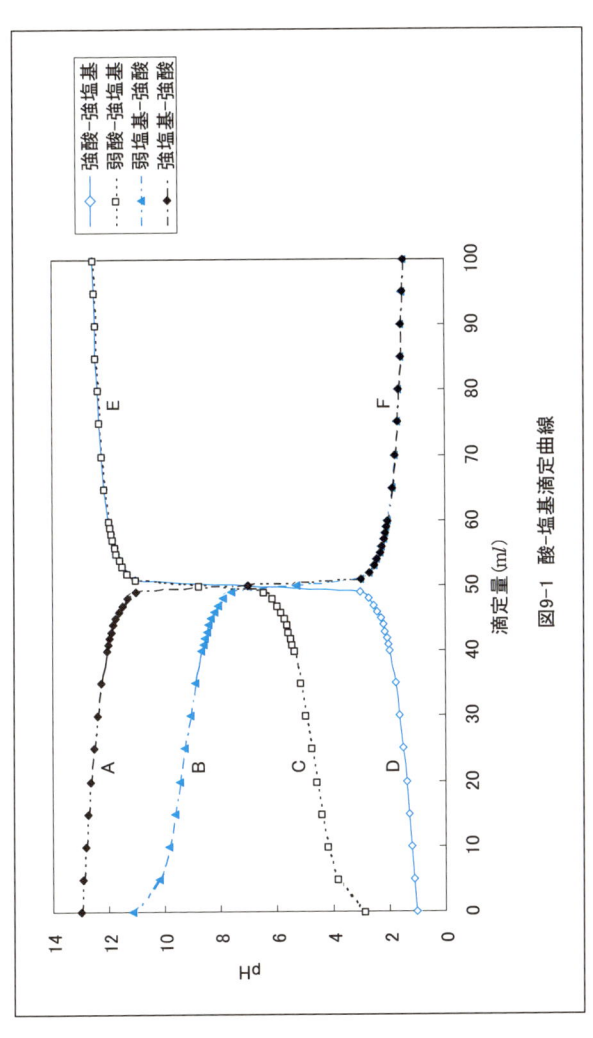

図9-1 酸−塩基滴定曲線

例として多塩基酸の塩である Na_2CO_3 を強酸である HCl で滴定する場合について学ぶ。

9-1 炭酸ナトリウム Na_2CO_3 の塩酸による滴定

0.10 M Na_2CO_3 溶液 50 ml を 0.10 M HCl で滴定する。

① 0.10 M HCl　0 ml の時

0.10 M Na_2CO_3 溶液の pH を求める。

(弱酸の塩の問題と同じ)。

$$Na_2CO_3 \longrightarrow 2Na^+ + CO_3^{2-} \quad (完全解離)$$

CO_3^{2-} が加水分解を起こす。

$$CO_3^{2-} + H_2O \rightleftharpoons HCO_3^- + OH^-$$

平衡後 0.10−x　　　　　　　　　x　　　x

$$K_{b1} = \frac{x * x}{0.1 - x} = \frac{K_w}{K_{a2}} = 2.08 \times 10^{-4}$$

↑ 無視できる

K_{b2} は小さいので無視できる。

$$x = \sqrt{2.08 \times 10^{-4} \times 0.1} = 4.56 \times 10^{-3} = [OH^-]$$

$$pOH = -\log(4.56 \times 10^{-3}) = 2.34$$

$$pH = 14 - 2.34 = 11.66$$

② 0.10 M HCl　10 ml の時

滴定の時には体積が徐々に大きくなり変化するので物質量で考える。そして最後に最終体積で割ればモル濃度となる。

初めの CO_3^{2-} の物質量　$0.10 \times 50 = 5.0$ mmol

加えた H^+ の物質量　$0.10 \times 10 = 1.0$ mmol

　　　　　=生成した HCO_3^- の物質量

残った CO_3^{2-} の物質量　$5.0 - 1.0 = 4.0$ mmol

CO_3^{2-} と HCO_3^- が共存する緩衝溶液

$$pH = pK_{a2} + \log \frac{[CO_3^{2-}]}{[HCO_3^-]}$$

$$= -\log(4.8 \times 10^{-11}) + \log\left(\frac{4.0}{1.0}\right)$$

$$= 10.32 + 0.602 = 10.92$$

③ 0.10 M HCl 25 ml の時

初めの CO_3^{2-} の物質量　$0.10 \times 50 = 5.0$ mmol

加えた H^+ の物質量　$0.10 \times 25 = 2.5$ mmol
　　　　　　　　＝生成した HCO_3^- の物質量

残った CO_3^{2-} の物質量　$5.0 - 2.5 = 2.5$ mmol

CO_3^{2-} と HCO_3^- が共存する緩衝溶液

$$pH = pK_{a2} + \log\left(\frac{2.5}{2.5}\right) = pK_{a2}$$

$$= 10.32$$

④ 0.10 M HCl 40 ml の時

初めの CO_3^{2-} の物質量　$0.10 \times 50 = 5.0$ mmol

加えた H^+ の物質量　$0.10 \times 40 = 4.0$ mmol
　　　　　　　　＝生成した HCO_3^- の物質量

残った CO_3^{2-} の物質量　$5.0 - 4.0 = 1.0$ mmol

CO_3^{2-} と HCO_3^- が共存する緩衝溶液

$$pH = pK_{a2} + \log\left(\frac{1.0}{4.0}\right)$$

$$= 10.32 - 0.602 = 9.72$$

⑤ 0.10 M HCl 50 ml の時　第1の中点を迎える。

$$CO_3^{2-} + H^+ \longrightarrow HCO_3^-$$

	CO_3^{2-}	H^+	HCO_3^-
平衡前	5.0 mmol 50 ml 中	5.0 mmol 50 ml 中	0 mmol
平衡後			5.0 mmol 100 ml 中

$[\text{HCO}_3^-] = \dfrac{5.0}{100} = 0.05\ \text{M}$

0.05 M NaHCO$_3$ 溶液の pH を求める。
(多塩基酸の塩(酸性塩)の問題と同じ)

$[\text{H}^+] = \sqrt{K_{a1} K_{a2}}$
$= \sqrt{4.3 \times 10^{-7} \times 4.8 \times 10^{-11}}$
$= 4.54 \times 10^{-9}$

pH $= -\log(4.54 \times 10^{-9}) = 8.34$

⑥ 0.10 M HCl 60 ml の時

0.05 M NaHCO$_3$ 100 ml に 0.10 M HCl 10 ml 加えたのと同じになる。

初めの HCO$_3^-$ の物質量　$0.05 \times 100 = 5.0$ mmol
加えた H$^+$ の物質量　$0.10 \times 10 = 1.0$ mmol
　　　　　$=$ 生成した H$_2$CO$_3$ の物質量
残った HCO$_3^-$ の物質量　$5.0 - 1.0 = 4.0$ mmol
HCO$_3^-$ と H$_2$CO$_3$ が共存する緩衝溶液

$\text{pH} = \text{p}K_{a1} + \log \dfrac{[\text{HCO}_3^-]}{[\text{H}_2\text{CO}_3]}$

$= -\log(4.3 \times 10^{-7}) + \log\left(\dfrac{4.0}{1.0}\right)$

$= 6.37 + 0.602 = 6.97$

⑦ 0.10 M HCl 75 ml の時

0.05 M NaHCO$_3$ 100 ml に 0.10 M HCl 25 ml 加えたのと同じになる。

初めの HCO$_3^-$ の物質量　$0.05 \times 100 = 5.0$ mmol
加えた H$^+$ の物質量　$0.10 \times 25 = 2.5$ mmol
　　　　　$=$ 生成した H$_2$CO$_3$ の物質量
残った HCO$_3^-$ の物質量　$5.0 - 2.5 = 2.5$ mmol
HCO$_3^-$ と H$_2$CO$_3$ が共存する緩衝溶液

$$\text{pH} = \text{p}K_{a1} + \log\left(\frac{2.5}{2.5}\right) = \text{p}K_{a1}$$

$$= 6.37$$

⑧ 0.10 M HCl 90 ml の時

0.05 M NaHCO$_3$ 100 ml に 0.10 M HCl 40 ml 加えたのと同じになる。

初めの HCO$_3^-$ の物質量　$0.05 \times 100 = 5.0$ mmol

加えた H$^+$ の物質量　$0.10 \times 40 = 4.0$ mmol

　　　　　　　＝生成した H$_2$CO$_3$ の物質量

残った HCO$_3^-$ の物質量　$5.0 - 4.0 = 1.0$ mmol

HCO$_3^-$ と H$_2$CO$_3$ が共存する緩衝溶液

$$\text{pH} = \text{p}K_{a1} + \log\left(\frac{1.0}{4.0}\right)$$

$$= 6.37 - 0.602 = 5.77$$

⑨ 0.10 M HCl 100 ml の時　　第2の中点を迎える。

　　　HCO$_3^-$　＋　H$^+$　⟶　H$_2$CO$_3$

平衡前　5.0 mmol　　5.0 mmol　　0 mmol
　　　　100 ml 中　 50 ml 中

平衡後　　　　　　　　　　　　5.0 mmol
　　　　　　　　　　　　　　　150 ml 中

$$[\text{H}_2\text{CO}_3] = \frac{5.0}{150} = 0.033 \text{ M}$$

0.033 M H$_2$CO$_3$ 溶液の pH を求める。
（弱酸の問題と同じ。）

　　　H$_2$CO$_3$　⇌　H$^+$ ＋ HCO$_3^-$

平衡後　$0.033-x$　　x　　　x

$$K_{a1} = \frac{x * x}{0.033 - x} = 4.3 \times 10^{-7}$$

　　　　　　　　　　　　↑無視できる

K_{a2} は小さいので無視できる。

$$x = \sqrt{4.3 \times 10^{-7} \times 0.033} = 1.19 \times 10^{-4}$$

$$pH = -\log(1.19 \times 10^{-4}) = 3.92$$

⑩ 0.10 M HCl 110 m*l* の時

0.033 M H_2CO_3 溶液 150 m*l* に 0.10 M HCl を 10 m*l* 加えたのと同じ。H_2CO_3 は弱酸であり，ほんのわずか解離している（約0.36%）。強酸であるHClが加えられると，ル・シャトリエの法則により H_2CO_3 の解離は押さえられるので，HClが解離して生成する H^+ のみを考えればよい。

H^+ の物質量　$0.1 \times 10 = 1.0$ mmol（160 m*l* 中）

$$[H^+] = \frac{1.0}{160} = 6.25 \times 10^{-3} \text{ M}$$

$$pH = -\log(6.25 \times 10^{-3}) = 2.20$$

⑪ 0.10 M HCl 120 m*l* の時

0.033 M H_2CO_3 溶液 150 m*l* に 0.10 M HCl を 20 m*l* 加えたのと同じ。

H^+ の物質量　$0.1 \times 20 = 2.0$ mmol（170 m*l* 中）

$$[H^+] = \frac{2.0}{170} = 1.18 \times 10^{-2} \text{ M}$$

$$pH = -\log(1.18 \times 10^{-2}) = 1.93$$

⑫ 0.10 M HCl 140 m*l* の時

0.033 M H_2CO_3 溶液 150 m*l* に 0.10 M HCl を 40 m*l* 加えたのと同じ。

H^+ の物質量　$0.1 \times 40 = 4.0$ mmol（190 m*l* 中）

$$[H^+] = \frac{4.0}{190} = 2.11 \times 10^{-2} \text{ M}$$

$$pH = -\log(2.11 \times 10^{-2}) = 1.68$$

①〜⑫をまとめると，表9-1のようになる。

表 9-1 Na_2CO_3 を HCl で滴定していった時の pH の変化

	加えた HCl の体積 (ml)	pH	加えた HCl の体積を x ml とした時の pH の一般式	
①	0	11.66		CO_3^{2-}
②	10	10.92		
③	25	10.32	$pH = 10.32 + \log\left(\dfrac{5-0.1x}{0.1x}\right)$	CO_3^{2-} と HCO_3^-
④	40	9.72		
⑤	50	8.34	$pH = -\log\sqrt{K_{a1}K_{a2}}$	HCO_3^-
⑥	60	6.97		
⑦	75	6.37	$pH = 6.37 + \log\left[\dfrac{5-(0.1x-5)}{0.1x-5}\right]$	HCO_3^- と H_2CO_3
⑧	90	5.77		
⑨	100	3.92		H_2CO_3
⑩	110	2.20		
⑪	120	1.93	$pH = -\log\left(\dfrac{0.1x-10}{50+x}\right)$	
⑫	140	1.68		

図 9-2 で,第 1 の中和点を過ぎた後,煮沸しながら 0.10 M HCl で滴定すると

$$NaHCO_3 + HCl \xrightarrow{} H_2CO_3 + NaCl$$
$$\xrightarrow{煮沸} CO_2 \uparrow + H_2O + NaCl$$

となり,CO_2 が発生する。溶液は $NaHCO_3$ 溶液(多塩基酸の酸性塩)となり,濃度によらず pH は 8.34 で一定となる。

● 第 1 の中和点での指示薬(indicator)としては
フェノールフタレイン(pH 8.3 〜 10)を用いて赤色から無色の変化を利用する。
● 第 2 の中和点での指示薬としては
終点の手前で,煮沸しながら滴定を行い,メチルレッド(pH 4.2 〜 6.3)を用いて黄色から赤の変化を利用する。もしも,煮沸操作を行わない場合は,メチルオレンジ(pH 3.1 〜 4.4)を用いて黄色から赤色の変化を利用する。

滴定量 (ml)	0	5	10	15	20	25	30	35	40	45	50	55	60	65	70
pH	11.7	11.3	10.9	10.7	10.5	10.3	10.1	9.95	9.72	9.37	8.34	7.32	6.97	6.74	6.55
滴定量 (ml)	75	80	85	90	95	100	105	110	115	120	125	130	135	140	
pH	6.37	6.19	6.00	5.77	5.42	3.92	2.49	2.20	2.04	1.93	1.85	1.78	1.72	1.68	

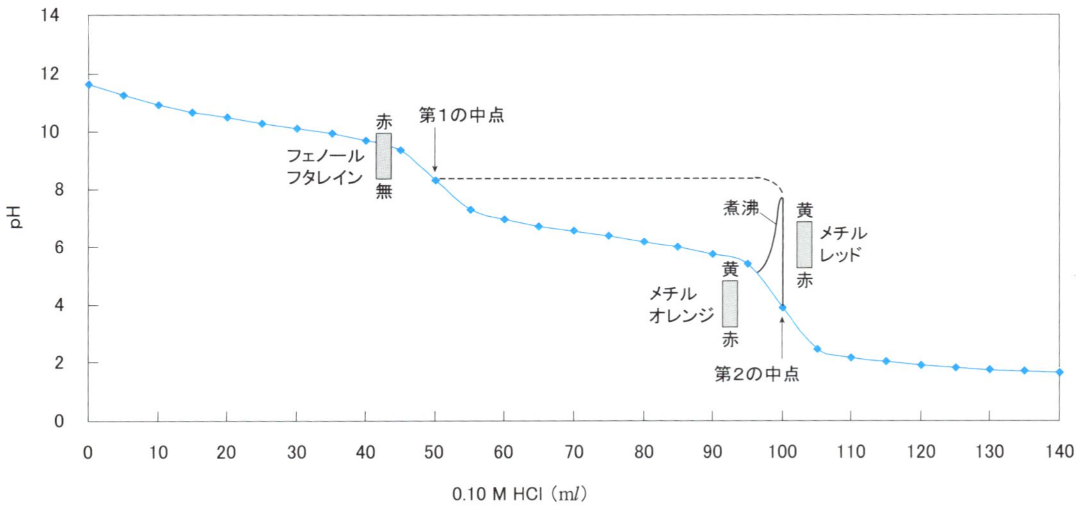

図9-2 0.10 M炭酸ナトリウム50 ml を0.10 M塩酸で滴定した時の滴定曲線

設問 9.1 塩酸溶液を一次標準の炭酸ナトリウム 0.2329 g でメチルレッドの終点まで滴定することにより標定した。この時，炭酸溶液を終点近くで煮沸して，二酸化炭素を除いた。滴定に 42.87 ml の酸を要したならば，塩酸の正確なモル濃度はいくらになるか。

解 滴定の問題は以下の 2 つのステップで考える。

ステップ 1： 滴定剤の物質量を求める。

Na_2CO_3 分子量 (mw) 105.99

$$\frac{0.2329}{105.99} = 0.002197 \text{ mol}$$

ステップ 2： 滴定剤 1 mol と分析目的成分何 mol とが反応するか。

$$Na_2CO_3 + 2HCl \xrightarrow{} H_2CO_3 + 2NaCl$$
$$\xrightarrow{煮沸} CO_2\uparrow + H_2O + 2NaCl$$

Na_2CO_3 1 mol と HCl 2 mol とが反応する。

塩酸のモル濃度を x とすると，塩酸の物質量は

$$\frac{0.2329}{105.99} \times 2 = \frac{x * 42.87}{1000} \text{ mol}$$

$$x = 1.025 \times 10^{-1} \text{ M}$$

標定 (standardization) とは，一次標準物質 (primary standard) を用いて滴定剤 (酸や塩基) の濃度を正確に求めることである。

一次標準物質となりうる条件は

① 99.97％以上の純度があり，
② （乾燥温度でも室温でも）安定な物質であり，
③ 入手が容易で，
④ 分子量が大きい

ことである。

- 塩酸を標定するのに一次標準物質として炭酸ナトリウムが使われる。
- 水酸化ナトリウム溶液を標定するのに，一次標準物質としてフタル酸水素カリウムが使われる。

10 錯滴定

目標

EDTA 滴定による金属の定量分析を学ぶ。
生成定数を学び金属イオンと EDTA の結合の強さを理解する。

ここでは，多塩基酸であるエチレンジアミン四酢酸の4段階解離平衡を学ぶ。7章で学んだ手順により，溶液のpHを変化させた時の各EDTAイオン種の割合を定量的に求める。金属イオンとEDTAの錯体生成を利用して，EDTA滴定により金属の濃度を求める。

10-1 錯滴定

EDTA (<u>e</u>thylene<u>d</u>iamine <u>t</u>etra<u>a</u>cetic <u>a</u>cid) エチレンジアミン四酢酸

$$\begin{array}{c} HOOC-CH_2 \diagdown \quad\quad\quad \diagup CH_2-COOH \\ N-CH_2-CH_2-N \\ HOOC-CH_2 \diagup \quad\quad\quad \diagdown CH_2-COOH \end{array} \equiv H_4Y$$

EDTAはイオン化できるH^+を4つもっている多塩基酸である。EDTAを便宜上H_4Yと略して記述する。

EDTA (H_4Y) は，以下のように4段階に解離する。

$$H_4Y \rightleftarrows H^+ + H_3Y^- \quad K_{a1}$$
$$H_3Y^- \rightleftarrows H^+ + H_2Y^{2-} \quad K_{a2}$$
$$H_2Y^{2-} \rightleftarrows H^+ + HY^{3-} \quad K_{a3}$$
$$HY^{3-} \rightleftarrows H^+ + Y^{4-} \quad K_{a4}$$

$$K_{a1} = \frac{[H^+][H_3Y^-]}{[H_4Y]} = 1.0 \times 10^{-2} \quad (pK_{a1} = 2.00)$$

$$K_{a2} = \frac{[H^+][H_2Y^{2-}]}{[H_3Y^-]} = 2.2 \times 10^{-3} \quad (pK_{a2} = 2.66)$$

$$K_{a3} = \frac{[H^+][HY^{3-}]}{[H_2Y^{2-}]} = 6.9 \times 10^{-7} \quad (pK_{a3} = 6.16)$$

$$K_{a4} = \frac{[H^+][Y^{4-}]}{[HY^{3-}]} = 5.5 \times 10^{-11} \quad (pK_{a4} = 10.26)$$

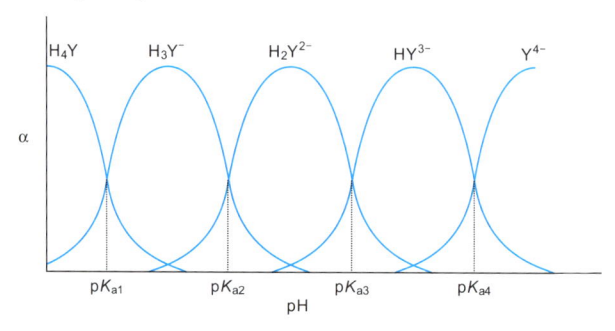

EDTA 溶液は

pH = pK_{a1} = 2.00 の時　　H$_4$Y と H$_3$Y$^-$ とが共存し，
pH = pK_{a2} = 2.66 の時　　H$_3$Y$^-$ と H$_2$Y^{2-} とが共存し，
pH = pK_{a3} = 6.16 の時　　H$_2$Y^{2-} と HY^{3-} とが共存し，
pH = pK_{a4} = 10.26 の時　　HY^{3-} と Y^{4-} とが共存する。

このように pK_{a1}, pK_{a2}, pK_{a3}, pK_{a4} の値がわかると各 pH の値でどのようなイオン種で存在するかを推定することができる。

以下に，pH を変化させた時の各 EDTA イオン種の割合を定量的に求めてみる。

10-2　pH を変化させた時の各 EDTA イオン種の割合

全 EDTA 濃度を C_{H_4Y} とすると

$$C_{H_4Y} = [H_4Y] + [H_3Y^-] + [H_2Y^{2-}] + [HY^{3-}] + [Y^{4-}]$$

全 EDTA 濃度に対する各 EDTA イオン種の割合を

$$\alpha_0 = \frac{[H_4Y]}{C_{H_4Y}} \qquad \alpha_1 = \frac{[H_3Y^-]}{C_{H_4Y}} \qquad \alpha_2 = \frac{[H_2Y^{2-}]}{C_{H_4Y}}$$

$$\alpha_3 = \frac{[HY^{3-}]}{C_{H_4Y}} \qquad \alpha_4 = \frac{[Y^{4-}]}{C_{H_4Y}}$$

とすると

$$\alpha_0 = \frac{[H^+]^4}{[H^+]^4 + K_{a1}[H^+]^3 + K_{a1}K_{a2}[H^+]^2 + K_{a1}K_{a2}K_{a3}[H^+] + K_{a1}K_{a2}K_{a3}K_{a4}} \tag{1}$$

$$\alpha_1 = \frac{K_{a1}[H^+]^3}{[H^+]^4 + K_{a1}[H^+]^3 + K_{a1}K_{a2}[H^+]^2 + K_{a1}K_{a2}K_{a3}[H^+] + K_{a1}K_{a2}K_{a3}K_{a4}} \tag{2}$$

$$\alpha_2 = \frac{K_{a1}K_{a2}[H^+]^2}{[H^+]^4 + K_{a1}[H^+]^3 + K_{a1}K_{a2}[H^+]^2 + K_{a1}K_{a2}K_{a3}[H^+] + K_{a1}K_{a2}K_{a3}K_{a4}} \tag{3}$$

$$\alpha_3 = \frac{K_{a1}K_{a2}K_{a3}[H^+]}{[H^+]^4 + K_{a1}[H^+]^3 + K_{a1}K_{a2}[H^+]^2 + K_{a1}K_{a2}K_{a3}[H^+] + K_{a1}K_{a2}K_{a3}K_{a4}} \tag{4}$$

$$\alpha_4 = \frac{K_{a1}K_{a2}K_{a3}K_{a4}}{[H^+]^4 + K_{a1}[H^+]^3 + K_{a1}K_{a2}[H^+]^2 + K_{a1}K_{a2}K_{a3}[H^+] + K_{a1}K_{a2}K_{a3}K_{a4}} \tag{5}$$

pH を 0 から 14 まで変化させた時の α_0, α_1, α_2, α_3, α_4 を上記の (1) 式, (2)

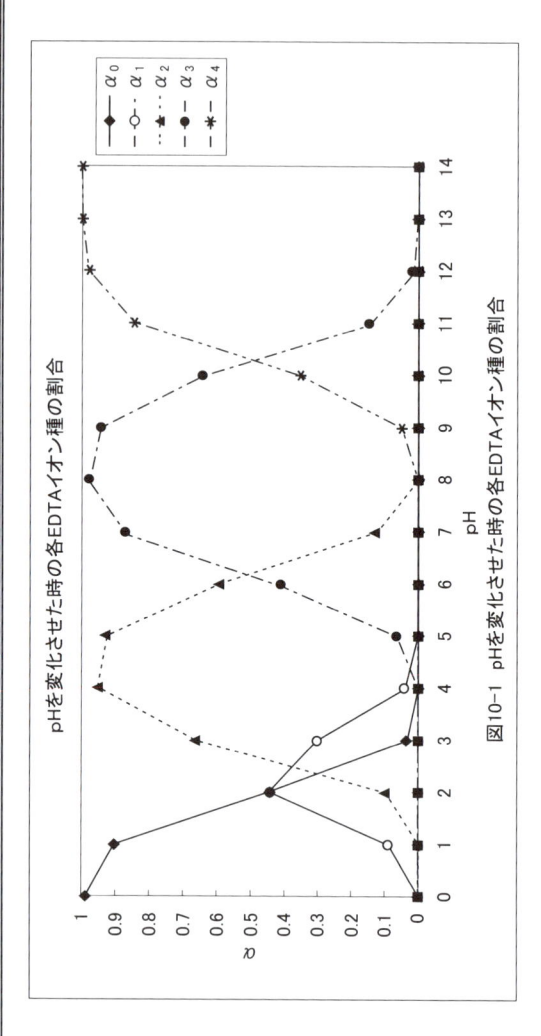

pH	0	1	2	3	4	5	6	7	8	9	10	11	12	13	14
$[H^+]$	1.00E+00	1.00E-01	1.00E-02	1.00E-03	1.00E-04	1.00E-05	1.00E-06	1.00E-07	1.00E-08	1.00E-09	1.00E-10	1.00E-11	1.00E-12	1.00E-13	1.00E-14
K_{a1}	1.00E-02	1.00E-02	1.00E-02	1.00E-02	1.00E-02	1.00E-02	1.00E-02	1.00E-02	1.00E-02	1.00E-02	1.00E-02	1.00E-02	1.00E-02	1.00E-02	1.00E-02
K_{a2}	2.20E-03	2.20E-03	2.20E-03	2.20E-03	2.20E-03	2.20E-03	2.20E-03	2.20E-03	2.20E-03	2.20E-03	2.20E-03	2.20E-03	2.20E-03	2.20E-03	2.20E-03
K_{a3}	6.90E-07	6.90E-07	6.90E-07	6.90E-07	6.90E-07	6.90E-07	6.90E-07	6.90E-07	6.90E-07	6.90E-07	6.90E-07	6.90E-07	6.90E-07	6.90E-07	6.90E-07
K_{a4}	5.50E-11	5.50E-11	5.50E-11	5.50E-11	5.50E-11	5.50E-11	5.50E-11	5.50E-11	5.50E-11	5.50E-11	5.50E-11	5.50E-11	5.50E-11	5.50E-11	5.50E-11
$\alpha 0$	9.90E-01	9.07E-01	4.50E-01	3.03E-02	4.32E-04	4.23E-06	2.69E-08	5.75E-11	6.46E-14	6.24E-17	4.25E-20	1.18E-23	1.18E-27	1.20E-31	1.20E-35
$\alpha 1$	9.90E-03	9.07E-02	4.50E-01	3.03E-01	4.32E-02	4.23E-03	2.69E-04	5.75E-06	6.46E-08	6.24E-10	4.25E-12	1.01E-14	1.18E-17	1.20E-20	1.20E-23
$\alpha 2$	2.18E-05	2.00E-03	9.91E-02	6.66E-01	9.50E-01	9.31E-01	5.92E-01	1.27E-01	1.42E-03	1.37E-05	9.35E-08	2.23E-10	2.59E-13	2.63E-16	2.63E-19
$\alpha 3$	1.50E-11	1.38E-08	6.84E-06	4.60E-04	6.55E-03	6.43E-02	4.08E-01	8.73E-01	9.80E-01	9.47E-01	6.45E-01	1.54E-01	1.79E-04	1.81E-07	1.82E-10
$\alpha 4$	8.27E-22	7.57E-18	3.76E-14	2.53E-11	3.60E-09	3.53E-07	2.24E-05	4.80E-04	5.39E-02	5.21E-02	3.55E-01	8.46E-01	9.82E-01	9.98E-01	1.00E+00

図10-1 pHを変化させた時の各EDTAイオン種の割合

式，(3) 式，(4) 式，(5) 式を使って，表計算ソフト（Excel）で計算しプロットすると図 10-1 のようになる。

10-3 金属イオンと EDTA との錯体

金属イオンと錯体をつくるのは Y^{4-} だけである。

Ca^{2+} と EDTA との錯体

$$Ca^{2+} + Y^{4-} \rightleftharpoons CaY^{2-}$$

安定度定数または生成定数　K_f（stability constant または formation constant）

$$K_f = \frac{[CaY^{2-}]}{[Ca^{2+}][Y^{4-}]}$$

ほとんどの金属イオンは EDTA と物質量の比 1 : 1 の EDTA 金属錯体を生成する。EDTA 金属錯体の生成定数を表 10-1 に示す。

金属によって，EDTA との結合の強さが異なる。K_f が大きいほど EDTA との結合が強く安定な錯体を形成する。

金属イオンと錯体を作るのは Y^{4-} である。

					K_f
Hg^{2+}	+	Y^{4-}	→	HgY^{2-}	6.30×10^{21}
Pb^{2+}	+	Y^{4-}	→	PbY^{2-}	1.10×10^{18}
Ca^{2+}	+	Y^{4-}	→	CaY^{2-}	5.01×10^{10}

$[Y^{4-}] = \alpha_4 C_{H_4Y}$ で置き換えると

$$K_f = \frac{[CaY^{2-}]}{[Ca^{2+}][Y^{4-}]} = \frac{[CaY^{2-}]}{[Ca^{2+}]\alpha_4 C_{H_4Y}}$$

$$K_f \alpha_4 = \frac{[CaY^{2-}]}{[Ca^{2+}] C_{H_4Y}} = K_f{'}$$

$K_f{'}$：条件付き生成定数（conditional formation constant）

pH の値によって α_4 が変化するため $K_f{'}$ が変化する。

表 10-1　EDTA 金属錯体の生成定数 (formatoin constant)

元 素	化学式	K_f
アルミニウム	AlY^-	1.35×10^{16}
ビスマス	BiY^-	1×10^{23}
バリウム	BaY^{2-}	5.75×10^7
カドミウム	CdY^{2-}	2.88×10^{16}
カルシウム	CaY^{2-}	5.01×10^{10}
コバルト (Co^{2+})	CoY^{2-}	2.04×10^{16}
(Co^{3+})	CoY^-	1×10^{36}
銅	CuY^{2-}	6.30×10^{18}
ガリウム	GaY^-	1.86×10^{20}
インジウム	InY^-	8.91×10^{24}
鉄 (Fe^{2+})	FeY^{2-}	2.14×10^{14}
(Fe^{3+})	FeY^-	1.3×10^{25}
鉛	PbY^{2-}	1.10×10^{18}
マグネシウム	MgY^{2-}	4.90×10^8
マンガン	MnY^{2-}	1.10×10^{14}
水　銀	HgY^{2-}	6.30×10^{21}
ニッケル	NiY^{2-}	4.16×10^{18}
スカンジウム	ScY^-	1.3×10^{23}
銀	AgY^{3-}	2.09×10^7
ストロンチウム	SrY^{2-}	4.26×10^8
トリウム	ThY	1.6×10^{23}
チタン (Ti^{3+})	TiY^-	2.0×10^{21}
(TiO^{2+})	$TiOY^{2-}$	2.0×10^{17}
バナジウム (V^{2+})	VY^{2-}	5.01×10^{12}
(V^{3+})	VY^-	8.0×10^{25}
(VO^{2+})	VOY^{2-}	1.23×10^{18}
イットリウム	YY^-	1.23×10^{18}
亜　鉛	ZnY^{2-}	3.16×10^{16}

$$\log K_f' = \log \alpha_4 + \log K_f$$

Hg^{2+}，Pb^{2+}，Ca^{2+} について，$\log K_f'$ を pH に対してプロットしたのが図 10-2 である。pH 13 では $\alpha_4 = 1$ であるので，$K_f' = K_f$ となる。

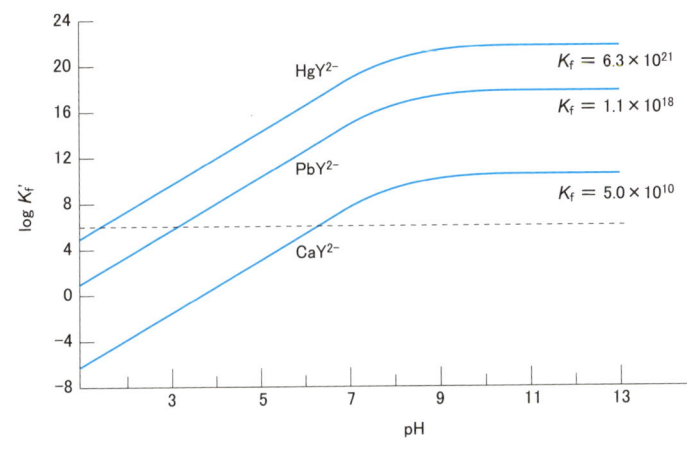

図10-2 EDTAキレートの K' に対する pH の影響

10-4　EDTA の滴定曲線

0.1M Ca^{2+} 100 ml を 0.1M Na_2EDTA (Na_2H_2Y) で pH 7 または pH 10 で滴定する時の滴定曲線が図 10-3 である。y 軸は pCa $= -\log[Ca^{2+}]$ である。K_f' が大きいほど [Ca^{2+}] は急激に小さくなるので，pM は逆に急激に大きくなる。

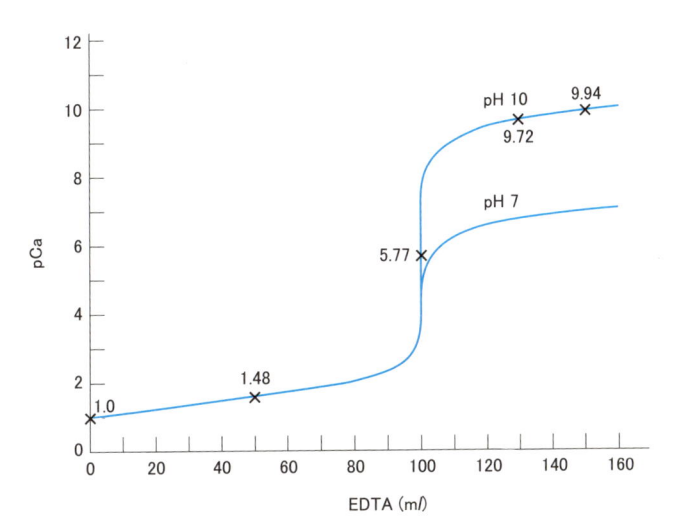

図10-3　0.1M Ca^{2+} 100 ml を 0.1M Na_2EDTA で pH7 または pH10 で滴定するときの滴定曲線

K_f' が 10^6 以上だと明瞭な滴定終点が得られる。EDTA と安定な錯体を生成する場合には低い pH でも滴定が可能となる。すなわち，Ca は pH 7 以上でないと明瞭な終点が得られないのに対し，Pb は pH 3 以上でよく，Hg は非常に安定な EDTA 錯体を作るため pH 1 でもよい。各種の金属イオンが EDTA で滴定できる最低の pH，すなわち，各金属イオンの条件付き生成定数 K_f' が 10^6 になる時の pH をプロットしたのが図 10-4 である。

EDTA との結合の強さによって各種の金属イオンを次の 3 つのグループに分けることができる。

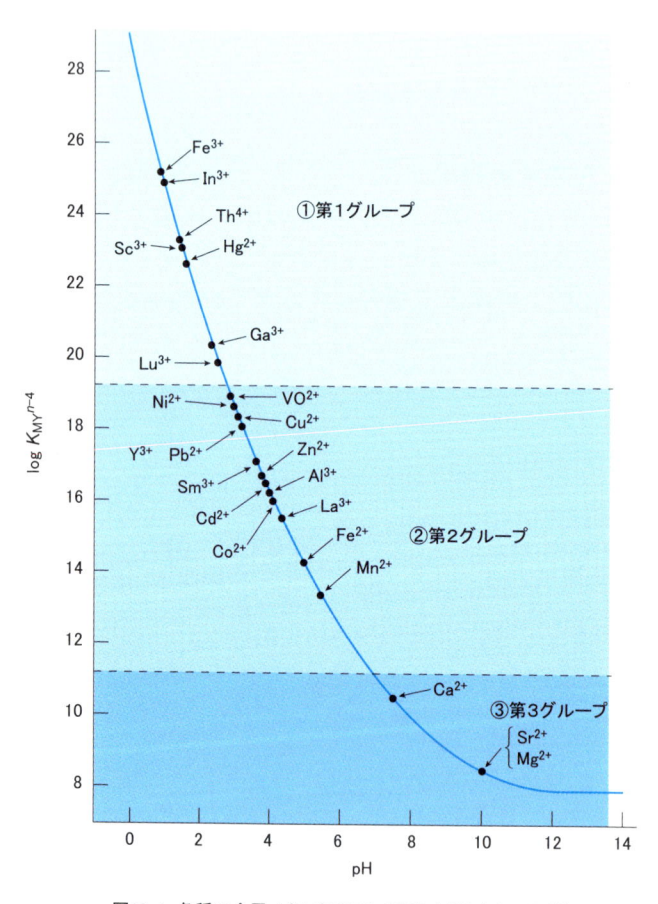

図10-4 各種の金属イオンをEDTAで滴定するときのpH下限

① 第1グループ

生成定数が大きく，$pH \leqq 4$ でも滴定が可能。他のグループの金属イオンが共存していても滴定できる。

② 第2グループ

$4 < pH < 7$ で滴定が可能。

第3グループの金属イオン共存していても滴定できる。

③ 第3グループ

$7 \leqq pH$ で滴定が可能。

アルカリ金属以外のすべての金属イオンが滴定できる。

キレート樹脂

ポリマー骨格にEDTAの半分に相当する基（イミノ二酢酸基）を結合させたキレート樹脂

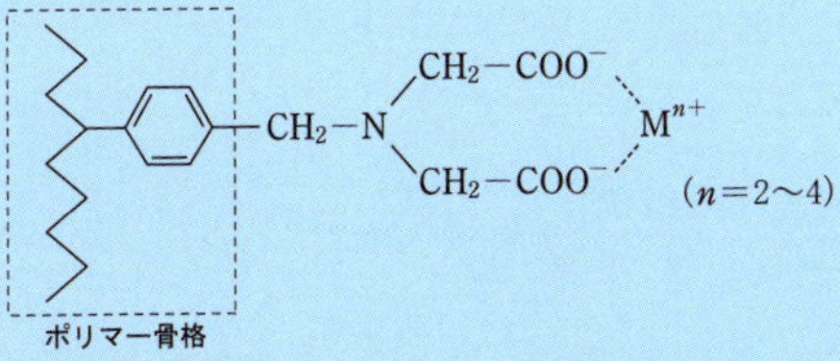

$$\text{ポリマー骨格} - \text{CH}_2 - \text{N} \begin{matrix} \text{CH}_2-\text{COO}^- \\ \text{CH}_2-\text{COO}^- \end{matrix} \cdots \text{M}^{n+} \quad (n=2\sim 4)$$

このキレート樹脂は，アルカリ金属（Na^+，K^+ など）とはほとんど結合せず，アルカリ土類金属（Mg^{2+}，Ca^{2+} など）とは結合が弱いので，河川水，湖水，地下水，海水などの自然水または工場から出る廃液の重金属を分離・濃縮するのに利用されている。

設問10.1 pH 10 で 0.10 M Ca^{2+} 溶液 100 ml に 0.10 M EDTA溶液を (1) 0 ml, (2) 50 ml, (3) 100 ml, (4) 130 ml, (5) 150 ml 加えた時の pCa を求めよ。ただし，pH 10 での α_4 は 0.35 である。

解

(1) $pCa = -\log(1.0 \times 10^{-1}) = 1.0$

(2) 初めの Ca^{2+} の物質量 $= 0.10 \times 100 = 10$ mmol

　　加えた EDTA の物質量 $= 0.10 \times 50 = 5$ mmol

　　残った Ca^{2+} の物質量 $= 10 - 5 = 5$ mmol

これが 150 ml 中に存在する。

$$Ca^{2+} + Y^{4-} \rightleftharpoons CaY^{2-}$$
$$0.033 + x \quad \alpha_4 x \quad\quad 0.033 - x$$

　　　　↖無視できる

$$[Ca^{2+}] = \frac{5 \text{ mmol}}{150 \text{ m}l} = 0.033 \text{ M}$$

$$pCa = -\log(3.3 \times 10^{-2}) = 1.48$$

(3) Ca^{2+} と EDTA とが過不足なく反応する。

$$[CaY^{2-}] = \frac{10 \text{ mmol}}{200 \text{ m}l} = 0.050 \text{ M}$$

$$Ca^{2+} + Y^{4-} \rightleftharpoons CaY^{2-}$$
$$x \quad\quad \alpha_4 x \quad\quad 0.05 - x$$

　　　　　　　　　　↖無視できる

CaY^{2-} が解離した x は，$x = [Ca^{2+}] = C_{H_4Y}$ となる。解離して生成した Y^{4-} はすぐに各 EDTA イオン種との平衡状態に達する。

$$\frac{0.05}{x * \alpha_4 x} = K_f = 5.01 \times 10^{10}$$

$$\frac{0.05}{x * x} = K_f \alpha_4 = 1.75 \times 10^{10} = K_f'$$

$$x = 1.69 \times 10^{-6} \text{M} = [Ca^{2+}]$$

$$pCa = -\log(1.69 \times 10^{-6})$$
$$= 6 - 0.228 = 5.77$$

(4) $[CaY^{2-}] = \dfrac{10 \text{ mmol}}{230 \text{ m}l} = 0.043 \text{ M}$

余分な EDTA のモル濃度

$$C_{H_4Y} = \dfrac{0.1 \times 130 - 0.1 \times 100}{230} = \dfrac{3 \text{ mmol}}{230 \text{ m}l} = 0.013 \text{ M}$$

$$\begin{array}{cccc} Ca^{2+} & + & Y^{4-} & \rightleftharpoons & CaY^{2-} \\ x & & \alpha_4(0.013+x) & & 0.043-x \end{array}$$

←無視できる (for $0.043-x$)
←無視できる (for $0.013+x$)

$$\dfrac{0.043}{x*(\alpha_4*0.013)} = K_f = 5.01 \times 10^{10}$$

$$\dfrac{0.043}{x*0.013} = K_f\alpha_4 = 1.75 \times 10^{10}$$

$x = 1.89 \times 10^{-10} \text{M} = [Ca^{2+}]$

$pCa = -\log(1.89 \times 10^{-10})$

$\qquad = 10 - 0.28 = 9.72$

(5) $[CaY^{2-}] = \dfrac{10 \text{ mmol}}{250 \text{ m}l} = 0.040 \text{ M}$

余分な EDTA のモル濃度

$$C_{H_4Y} = \dfrac{0.1 \times 150 - 0.1 \times 100}{250} = \dfrac{5 \text{ mmol}}{250 \text{ m}l} = 0.020 \text{ M}$$

$$\begin{array}{cccc} Ca^{2+} & + & Y^{4-} & \rightleftharpoons & CaY^{2-} \\ x & & \alpha_4(0.020+x) & & 0.04-x \end{array}$$

←無視できる
←無視できる

$$\dfrac{0.040}{x*(\alpha_4*0.020)} = K_f = 5.01 \times 10^{10}$$

$$\dfrac{0.040}{x*0.020} = K_f\alpha_4 = 1.75 \times 10^{10} = K_f{}'$$

$x = 1.14 \times 10^{-10} \text{M} = [Ca^{2+}]$

$pCa = -\log(1.14 \times 10^{-10})$

$\qquad = 10 - 0.057 = 9.94$

設問10.2 粉ミルク中のカルシウムを定量する目的で 1.50 g の試料を灰化し，EDTA 溶液で滴定したところ，12.1 ml を要した。この EDTA 溶液を標定するために，0.632 g の亜鉛金属を酸に溶かした 1000 ml の溶液を調製した。この亜鉛溶液 10.0 ml を取り EDTA 溶液で滴定したところ，10.8 ml を要した。

(1) EDTA 溶液のモル濃度を求めよ。

(2) 粉ミルク中のカルシウム濃度を ppm で表せ。

解

(1) Zn のモル濃度

$$\frac{0.632}{65.37} = 0.009668 \text{ M}$$

EDTA 溶液のモル濃度を x とすると

$$0.009668 \times 10.0 = x \times 10.8$$

$$x = \frac{0.09668}{10.8} = 0.008952 \text{ M}$$

(2) EDTA の物質量（ステップ 1：滴定剤の物質量を求める。）

$$0.008952 \times 12.1 = 0.1083 \text{ mmol}$$

EDTA と Ca は 1：1 で反応する（ステップ 2：滴定剤 1 mol と分析目的成分何 mol とが反応するか。）

Ca 物質量も 0.1083 mmol

$$0.1083 \times 40.08 = 4.341 \text{ mg}$$

$$\frac{4.341 \times 10^{-3}}{1.50} = 2.894 \times 10^{-3} \text{ g/g}$$

$$2894 \times 10^{-6} \text{ g/g} = 2894 \text{ ppm}$$

錯滴定の指示薬

BT 指示薬は分析目的成分と赤色の錯体を生成する。滴定剤である EDTA は分析目的成分と BT 指示薬よりも安定な錯体を生成するので，終点を過ぎるとフリーな BT 指示薬となり青色に変化する。

BT指示薬：エリオクロムブラックT

(構造式) ≡ H_3In と略す。

ここで In は indicator の略

H_3In + Mg^{2+} ⟶ $MgIn^-$ + $3H^+$
（分析目的成分）　　　　　　　赤色

すべての Mg^{2+} が EDTA 錯体となるとエリオクロムブラック T は青色となる。

EDTA 滴定は，水の硬度（Ca^{2+} と Mg^{2+} の合計）測定に用いられる。

$$K_f$$

Ca^{2+} + Y^{4-} ⟶ CaY^{2-}　5.01×10^{10}

Mg^{2+} + Y^{4-} ⟶ MgY^{2-}　4.90×10^{8}

まず，Ca^{2+} が EDTA 錯体を生成し，次に Mg^{2+} が EDTA 錯体を生成する。Mg^{2+} がなくなったところでエリオクロムラック T は青色となる。赤みが消えた時が終点となる。

11 沈殿滴定

目標

溶解度積を理解する。

11章では，溶解しにくい化合物（難溶性化合物）の溶解度積の定義を学ぶ。化合物の沈殿を利用した重量分析（$BaSO_4$ の沈殿による SO_4^{2-} の定量）や沈殿滴定（ハロゲン化銀の沈殿によるハロゲンイオンの定量）を学ぶ。

11-1 溶解度積

飽和溶液において溶解度積は特定の温度（通常 25℃で定義）で一定である。
(例) AgCl 飽和溶液では

$$AgCl \rightleftarrows Ag^+ + Cl^-$$

溶解度積（solubility product）

$K_{sp} = [Ag^+][Cl^-] = 1.0 \times 10^{-10}$ （表 11-1 参照）

共通イオン効果

一方のイオンが他方のイオンより過剰に存在している場合には，他方のイオンの溶解度は抑制される。

重量分析（gravimetric analysis）では，溶解度積の小さな化合物を沈殿させ，その重量を測って分析目的成分を定量する方法である。沈殿の溶解度を小さくするために共通イオン効果を利用する。

たとえば，重量分析による硫酸イオン（SO_4^{2-}）の定量では，溶解度積の小さな $BaSO_4$ を沈殿させ，その重量を測って SO_4^{2-} を定量する。

$$BaSO_4 \rightleftarrows Ba^{2+} + SO_4^{2-}$$

$BaSO_4$ の飽和溶液では

$K_{sp} = [Ba^{2+}][SO_4^{2-}] = 1.0 \times 10^{-10}$

$[Ba^{2+}] = 1 \times 10^{-5}$ M

$[SO_4^{2-}] = 1 \times 10^{-5}$ M

となる。この溶液に $BaCl_2$ を加えると

$$BaCl_2 \rightleftarrows Ba^{2+} + 2Cl^-$$

と解離し生成した Ba^{2+} による共通イオン効果により $BaSO_4$ の溶解度が急激に減少する。

表 11-1　溶解度積 (solubility product)

物　質	化学式	K_{sp}
水酸化アルミニウム	$Al(OH)_3$	2×10^{-32}
炭酸バリウム	$BaCO_3$	8.1×10^{-9}
クロム酸バリウム	$BaCrO_4$	2.4×10^{-10}
フッ化バリウム	BaF_2	1.7×10^{-6}
ヨウ素酸バリウム	$Ba(IO_3)_2$	1.5×10^{-9}
マンガン酸バリウム	$BaMnO_4$	2.5×10^{-10}
シュウ酸バリウム	BaC_2O_4	2.3×10^{-8}
硫酸バリウム	$BaSO_4$	1.0×10^{-10}
水酸化ベリリウム	$Be(OH)_2$	7×10^{-22}
オキシ塩化ビスマス	$BiOCl$	7×10^{-9}
オキシ水酸化ビスマス	$BiOOH$	4×10^{-10}
硫化ビスマス	Bi_2S_3	1×10^{-97}
炭酸カドミウム	$CdCO_3$	2.5×10^{-14}
シュウ酸カドミウム	CdC_2O_4	1.5×10^{-8}
硫化カドミウム	CdS	1×10^{-28}
炭酸カルシウム	$CaCO_3$	8.7×10^{-9}
フッ化カルシウム	CaF_2	4.0×10^{-11}
水酸化カルシウム	$Ca(OH)_2$	5.5×10^{-6}
シュウ酸カルシウム	CaC_2O_4	2.6×10^{-9}
硫酸カルシウム	$CaSO_4$	1.9×10^{-4}
臭化銅（I）	$CuBr$	5.2×10^{-9}
塩化銅（I）	$CuCl$	1.2×10^{-6}
ヨウ化銅（I）	CuI	5.1×10^{-12}
チオシアン化銅（I）	$CuSCN$	4.8×10^{-15}
水酸化銅（II）	$Cu(OH)_2$	1.6×10^{-19}
硫化銅（II）	CuS	9×10^{-36}
水酸化鉄（II）	$Fe(OH)_2$	8×10^{-16}
水酸化鉄（III）	$Fe(OH)_3$	4×10^{-38}
硫化鉄（II）	FeS	4×10^{-19}
ヨウ素酸ランタン	$La(IO_3)_3$	6×10^{-10}
塩化鉛	$PbCl_2$	1.6×10^{-5}
クロム酸鉛	$PbCrO_4$	1.8×10^{-14}
ヨウ化鉛	PbI_2	7.1×10^{-9}
シュウ酸鉛	PbC_2O_4	4.8×10^{-10}
硫酸鉛	$PbSO_4$	1.6×10^{-8}
硫化鉛	PbS	8×10^{-28}
リン酸アンモニウムマグネシウム	$MgNH_4PO_4$	2.5×10^{-13}
炭酸マグネシウム	$MgCO_3$	1×10^{-5}
水酸化マグネシウム	$Mg(OH)_2$	1.2×10^{-11}
シュウ酸マグネシウム	MgC_2O_4	4×10^{-14}
水酸化マンガン（II）	$Mn(OH)_2$	4×10^{-14}
硫化マンガン（II）	MnS	1.4×10^{-15}
臭化水銀（I）	Hg_2Fr_2	5.8×10^{-23}

物　質	化学式	K_{sp}
塩化水銀（Ⅰ）	Hg_2Cl_2	1.3×10^{-18}
ヨウ化水銀（Ⅰ）	Hg_2I_2	4.5×10^{-29}
硫化水銀（Ⅱ）	HgS	4×10^{-53}
ヒ酸銀	Ag_3AsO_4	1.0×10^{-22}
臭化銀	$AgBr$	4×10^{-13}
炭酸銀	Ag_2CO_3	8.2×10^{-12}
塩化銀	$AgCl$	1.0×10^{-10}
クロム酸銀	Ag_2CrO_4	1.1×10^{-12}
シアン化銀	$Ag[Ag(CN)_2]$	5.0×10^{-12}
ヨウ素酸銀	$AgIO_3$	3.1×10^{-8}
ヨウ化銀	AgI	1×10^{-16}
リン酸銀	Ag_3PO_4	1.3×10^{-20}
硫化銀	Ag_2S	2×10^{-49}
硫化スズ	SnS	1×10^{-25}
チオシアン酸銀	$AgSCN$	1.0×10^{-12}
シュウ酸ストロンチウム	SrC_2O_4	1.6×10^{-7}
硫酸ストロンチウム	$SrSO_4$	3.8×10^{-7}
塩化タリウム	$TlCl$	2×10^{-4}
硫化タリウム	Tl_2S	5×10^{-22}
フェロシアン化鉄酸亜鉛	$Zn_2Fe(CN)_6$	4.1×10^{-16}
シュウ酸亜鉛	ZnC_2O_4	2.8×10^{-8}
硫化亜鉛	ZnS	1×10^{-21}

SI単位（système international d'unités）

　MKSA単位系の [m][kg][s][A] に [K] と [cd] それに [mol] を加えた7つの基本単位からなる単位系。

1　[m]　　長さ：メートル
2　[kg]　　質量*：キログラム
3　[s]　　時間：秒
4　[A]　　電流：アンペア
5　[K]　　温度：ケルビン
6　[cd]　　光度：カンデラ
7　[mol]　物質量：モル

＊質量は物質の特性であり月で測定しても不変であるのに対し，重量は地球重力場で測定される値である。

11-2 沈殿滴定によるハロゲンイオンの定量

K_{sp}（溶解度積）が小さいほど明瞭な滴定終点が得られる。

$$\text{AgI} \rightleftarrows \text{Ag}^+ + \text{I}^- \qquad K_{sp} = 1 \times 10^{-16}$$
$$\text{AgBr} \rightleftarrows \text{Ag}^+ + \text{Br}^- \qquad K_{sp} = 4 \times 10^{-13}$$
$$\text{AgCl} \rightleftarrows \text{Ag}^+ + \text{Cl}^- \qquad K_{sp} = 1 \times 10^{-10}$$

（表11-1 参照）

Cl^-，Br^-，I^- を AgNO_3 溶液で滴定した時の滴定曲線を図 11-1 に示す。K_{sp} が小さいほど［X^-］は小さくなり pX は大きくなる。

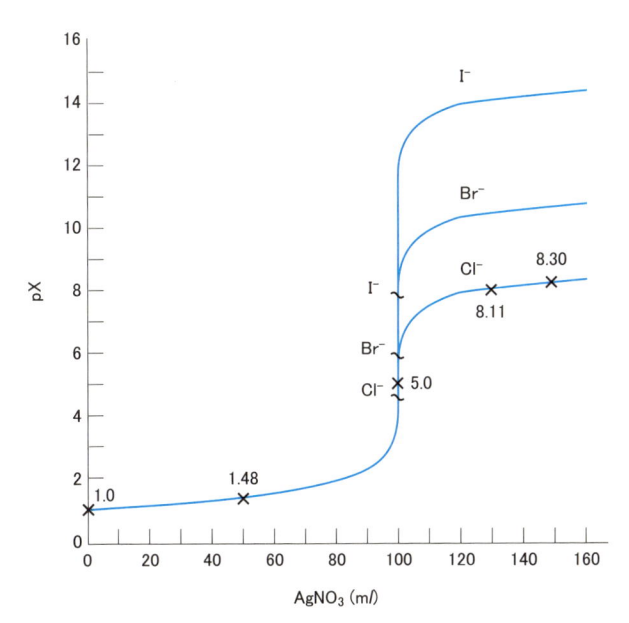

図11-1 0.1M Cl^-，Br^- および I^- を 0.1M AgNO_3 で滴定するときの滴定曲線

設問11.1 0.10 M Cl^- 溶液 100 ml に 0.10 M $AgNO_3$ 溶液を (1) 0 ml, (2) 50 ml, (3) 100 ml, (4) 130 ml, (5) 150 ml 加えた時の pCl を求めよ。

解

(1) pCl $= -\log(1.0 \times 10^{-1}) = 1.0$

(2) 初めの Cl^- の物質量 $= 0.10 \times 100 = 10$ mmol

加えた Ag^+ の物質量 $= 0.10 \times 50 = 5$ mmol

残った Cl^- の物質量 $= 10 - 5 = 5$ mmol

これが 150 ml 中に存在する。

$$[Cl^-] = \frac{5 \text{ mmol}}{150 \text{ m}l} = 0.033 \text{ M}$$

pCl $= -\log(3.3 \times 10^{-2}) = 1.48$

(3) Cl^- と Ag^+ とが過不足なく反応する。

$$Ag^+ + Cl^- \rightleftarrows AgCl$$

$K_{sp} = [Ag^+][Cl^-] = 1.0 \times 10^{-10}$

$[Ag^+] = [Cl^-]$ なので $[Cl^-] = \sqrt{K_{sp}}$

$[Cl^-] = \sqrt{1.0 \times 10^{-10}} = 1.0 \times 10^{-5}$ M

pCl $= -\log(1.0 \times 10^{-5}) = 5.0$

(4) 余分な Ag^+ のモル濃度

$$[Ag^+] = \frac{0.1 \times 130 - 0.1 \times 100}{230} = \frac{3 \text{ mmol}}{230 \text{ m}l} = 0.013 \text{ M}$$

$K_{sp} = [Ag^+][Cl^-] = 1.0 \times 10^{-10}$

$$[Cl^-] = \frac{1.0 \times 10^{-10}}{0.013} = 7.69 \times 10^{-9} \text{ M}$$

pCl $= -\log(7.69 \times 10^{-9})$

$= 9 - \log 7.69 = 9 - 0.89$

$= 8.11$

(5) 余分な Ag^+ のモル濃度

$$[Ag^+] = \frac{0.1 \times 150 - 0.1 \times 100}{250} = \frac{5 \text{ mmol}}{250 \text{ m}l} = 0.020 \text{ M}$$

$K_{sp} = [Ag^+][Cl^-] = 1.0 \times 10^{-10}$

$$[\mathrm{Cl}^-] = \frac{1.0 \times 10^{-10}}{0.020} = 5.0 \times 10^{-9} \mathrm{M}$$

$$\mathrm{pCl} = -\log(5.0 \times 10^{-9})$$
$$= 9 - \log 5.0 = 9 - 0.699$$
$$= 8.30$$

設問11.2 塩化物イオン（Cl^-）とヨウ化物イオン（I^-）がそれぞれ 0.10 M の溶液 50 ml を 0.10 M $\mathrm{AgNO_3}$ 溶液で滴定すると，まず I^- が AgI となって沈殿し，次に Cl^- が AgCl となって沈殿する。
以下の問に答えよ。

(1) I^- の滴定終点における，Ag^+ のモル濃度はいくらか。

(2) AgCl が沈殿し始める時の Ag^+ のモル濃度はいくらか。また，その時沈殿せずにまだ溶液に残っている I^- のモル濃度はいくらか。

(3) Cl^- の滴定終点における，Ag^+ のモル濃度はいくらか。

解

(1) I^- の滴定終点では $[\mathrm{Ag}^+] = [\mathrm{I}^-]$
$$[\mathrm{Ag}^+] = \sqrt{K_{\mathrm{sp}}(\mathrm{AgI})} = \sqrt{1.0 \times 10^{-16}}$$
$$= 1.0 \times 10^{-8} \mathrm{M}$$

(2) 0.10 M $\mathrm{AgNO_3}$ を 50 ml 加えると AgI が沈殿する。その時，Cl^- はまだほとんど沈殿していない。よって $[\mathrm{Cl}^-] = 0.05 \mathrm{M}$
$$[\mathrm{Ag}^+] = K_{\mathrm{sp}}(\mathrm{AgCl}) / [\mathrm{Cl}^-]$$
$$= (1.0 \times 10^{-10}) / (0.050)$$
$$= 2.0 \times 10^{-9} \mathrm{M}$$
$$[\mathrm{I}^-] = K_{\mathrm{sp}}(\mathrm{AgI}) / [\mathrm{Ag}^+]$$
$$= (1.0 \times 10^{-16}) / (2.0 \times 10^{-9})$$
$$= 5.0 \times 10^{-8} \mathrm{M}$$

(3) Cl^- の滴定終点では $[\mathrm{Ag}^+] = [\mathrm{Cl}^-]$
$$[\mathrm{Ag}^+] = \sqrt{K_{\mathrm{sp}}(\mathrm{AgCl})} = \sqrt{1.0 \times 10^{-10}}$$
$$= 1.0 \times 10^{-5} \mathrm{M}$$

沈殿滴定の指示薬

滴定剤が分析目的成分と反応して沈殿を生成し，沈殿を生成し終わった後に，滴定剤が指示薬と反応する。

(1) 過剰になると滴定剤が指示薬と反応し着色化合物を生成する。

$$\underset{\text{(分析目的成分)}}{Cl^-} + \underset{\text{(滴定剤)}}{Ag^+} \longrightarrow AgCl \downarrow$$

AgClの沈殿が終了すると，過剰の滴定剤が指示薬と反応し，色が変化する。

$$\underset{\substack{\text{(指示薬)}\\\text{黄}}}{CrO_4^{2-}} + \underset{\text{(滴定剤)}}{Ag^+} \longrightarrow \underset{\text{赤}}{Ag_2CrO_4 \downarrow}$$

指示薬は，滴定剤と分析目的成分よりも先に沈殿を生成してはいけない。そのため指示薬の濃度をうまく調整してやる必要がある。

(2) 吸着指示薬

終点で急激に沈殿に吸着される。吸着されると指示薬の色が変化する。

終点前　　Cl^- が過剰

$$\underset{\substack{\text{第1吸着層}\\\text{(陰イオンと反発)}}}{AgCl : Cl^-} :: \underset{\substack{\text{第2(対イオン)層}\\\text{(陽イオン)}}}{Na^+}$$

終点を過ぎると　　Ag^+ が過剰

$$\underset{\substack{\text{第1吸着層}\\\text{(沈殿の表面が}\\\text{+に帯電し陰}\\\text{イオンを引き}\\\text{つける)}}}{AgCl : Ag^+} :: \underset{\substack{\text{フルオレセイン}\\\text{(吸着されて赤}\\\text{色の発生)}}}{In^-} \qquad \text{ここで In は indicator の略}$$

フルオレセイン

水溶液は黄色でハロゲン化銀に吸着されると赤色に変わる。
赤色にみえるのは，補色の色（青緑）510 nm を吸収するからである。

12 酸化と還元

目標

標準還元電極電位の表の見方を理解する。
ネルンストの式を理解する。

12章では，酸化と還元の定義を学ぶ。酸化と還元は対となる反応であり，一方が還元されれば他方が酸化される。還元されやすさ（酸化剤の強さ）は標準還元電極電位の表（付表3）から予測できる。酸化型と還元型の濃度が単位濃度以外になった時には半反応の電位をネルンストの式を用いて計算する。

12-1 酸化と還元の定義

酸化（oxidation）・還元（reduction）反応は │ 電子（e^-）の授受 │ が伴う反応。
　　　　　　　　　　　　　　　　　　　　　│ 酸化数の変化　　│

　　（cf：酸・塩基反応はプロトン（H^+）の授受が伴う反応）

　酸化（される）：e^-を与える反応。酸化数が増加する。

　還元（される）：e^-を受け取る反応。酸化数が減少する。

　　酸化剤（oxidizing agent）：自ら還元して相手を酸化させる。

　　還元剤（reducing agent）：自ら酸化して相手を還元させる。

12-2 標準還元電極電位（normal reduction electrode potential）

(1) 電子の受け取りやすさの傾向を表す。

　　酸化型　＋　ne^-　⇌　還元型　　　E^0 (V)

(2) 水素イオンの電子の受け取りやすさを基準とする。

　　$2H^+$　＋　$2e^-$　⇌　H_2　　　　0.000 V

　　基準水素電極（normal hydrogen electrode, NHE）

(3) 正の標準還元電極電位が大きくなるほど（付表3の上の方ほど），その酸化型は，電子を受け取りやすく，強い酸化剤となる。

(4) 負の標準還元電極電位が大きくなるほど（付表3の下の方ほど），その還元型は，電子を与えやすく，強い還元剤となる。

(5) 標準還元電極電位E^0の標準とは，酸化型と還元型のいずれの濃度とも単位濃度の場合の起電力。気体の時には，1気圧の場合の起電力。

(6) 特定の溶液条件のもとで標準還元電極電位が異なる。これが見かけの還元電極電位（formal reduction electrode potential）である。

設問12.1 標準還元電極電位の表（付表3）を参照して，以下の物質を酸化力の強い順に並べよ。

H_2SeO_3, H_3AsO_4, Hg^{2+}, Cu^{2+}, Zn^{2+}, O_3, $HClO$, K^+, Co^{2+}

解 表の酸化型を上の方から順に並べる。

O_3, $HClO$, Hg^{2+}, H_2SeO_3, H_3AsO_4, Cu^{2+}, Co^{2+}, Zn^{2+}, K^+

設問12.2 標準還元電極電位の表（付表3）を参照して，以下の物質を還元力の強い順に並べよ。

I^-, V^{3+}, Sn^{2+}, Co^{2+}, Cl^-, Ag, H_2S, Ni, HF

解 表の還元型を下の方から順に並べる。

Ni, H_2S, Sn^{2+}, V^{3+}, I^-, Ag, Cl^-, Co^{2+}, HF

12-3 イオン化傾向

高校で学んだイオン化傾向とは，次の通りである。

K Ca Na Mg Al Zn Fe Ni Sn Pb (H) Cu Hg Pt Au

これは自ら正のイオンとなり，相手に電子を与えやすい金属を順番に並べたものであり，標準還元電極電位（付表3）の還元型金属を下の方から順に並べたものである。

12-4 ネルンスト（Nernst）の式

電位の濃度依存性を表す式

$$a\text{酸化型} + ne^- \rightleftharpoons b\text{還元型}$$

$$E = E^0 - \frac{2.303RT}{nF} \log \frac{[\text{還元型}]^b}{[\text{酸化型}]^a}$$

$$= E^0 - \frac{RT}{nF} \ln \frac{[\text{還元型}]^b}{[\text{酸化型}]^a}$$

$$\left(\because \frac{1}{\log e} = 2.303\right)$$

E^0：標準状態での起電力

　　　標準状態：気体――1気圧の状態
　　　　　　　　液体――単位濃度の状態

n：移動する電子の数

R：気体定数　8.314　V・C・deg^{-1} mol^{-1}

T：絶対温度　25℃ = 298.15 K

F：ファラデー定数　96485 C・mol^{-1}

これらの値を代入すると

$$\frac{2.303RT}{F} = 0.05916$$

よって，ネルンストの式は

$$E = E^0 - \frac{0.05916}{n} \log \frac{[還元型]^b}{[酸化型]^a}$$

となる。

気体定数を計算するとき

圧力に気圧（atm），体積にLを使うと
　　$R = 0.082$　L・atm・deg^{-1} mol^{-1}

圧力にパスカル（Pa），体積にm^{3}を使うと
　　$R = 8.314$ m^3・Pa・deg^{-1} mol^{-1}
　　　　　　J・deg^{-1} mol^{-1}
　　　　　　V・C・deg^{-1} mol^{-1}

（ここで，Jは仕事（ジュール），Vは電圧（ボルト），Cは電荷（クローン）である）

12-5 化学電池（ガルバニルセル）

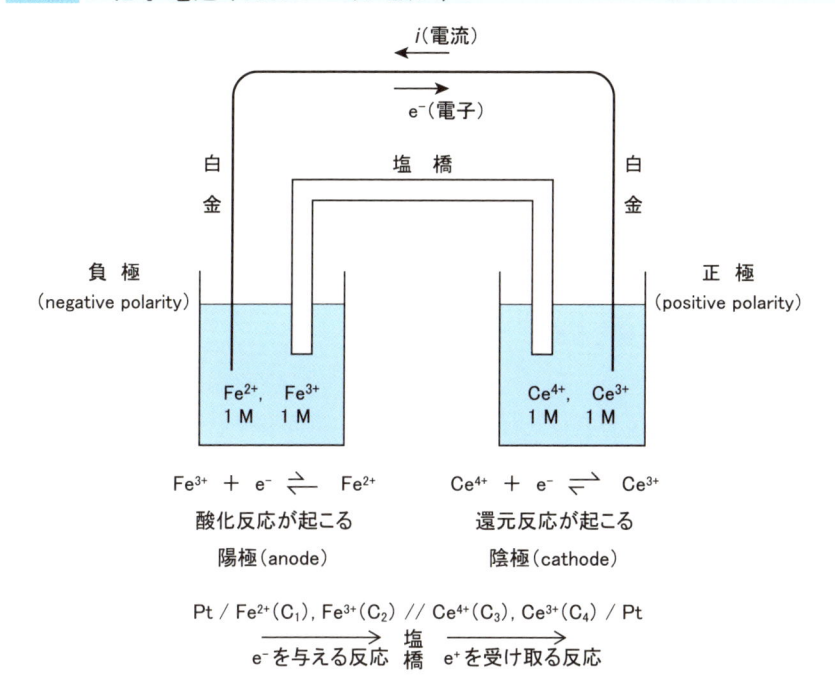

図中のラベル：
- i（電流）
- e^-（電子）
- 白金
- 塩橋
- 白金
- 負極 (negative polarity)
- 正極 (positive polarity)
- Fe^{2+}, Fe^{3+} 1M 1M
- Ce^{4+}, Ce^{3+} 1M 1M
- $Fe^{3+} + e^- \rightleftharpoons Fe^{2+}$ 酸化反応が起こる 陽極(anode)
- $Ce^{4+} + e^- \rightleftharpoons Ce^{3+}$ 還元反応が起こる 陰極(cathode)

$$Pt \,/\, Fe^{2+}(C_1),\, Fe^{3+}(C_2) \,//\, Ce^{4+}(C_3),\, Ce^{3+}(C_4) \,/\, Pt$$

e^-を与える反応　塩橋　e^+を受け取る反応

陽イオン：溶液中で陰極に引き付けられるイオンを cation という。
陰イオン：溶液中で陽極に引き付けられるイオンを anion という。

陰極の半反応（half-reaction）

$$Ce^{4+} + e^- \rightleftharpoons Ce^{3+} \qquad E^0\,(V) = 1.61$$

$$E_{右} = 1.61 - 0.0592 \log \frac{[Ce^{3+}]}{[Ce^{4+}]}$$

陽極の半反応

$$Fe^{3+} + e^- \rightleftharpoons Fe^{2+} \qquad E^0\,(V) = 0.771$$

$$E_{左} = 0.771 - 0.0592 \log \frac{[Fe^{2+}]}{[Fe^{3+}]}$$

セル電圧（cell voltage）　　$E_{cell} = E_{右} - E_{左}$

化学電池では，標準還元電極電位の高い半反応を右側に置く。そうするとセル電圧は正となる。ボルタの電池では Cu 極を右側，Zn 極を左側に置いてある。

$$E_{\text{cell}} = (1.61 - 0.771) - 0.0592 \log \frac{[\text{Ce}^{3+}][\text{Fe}^{3+}]}{[\text{Ce}^{4+}][\text{Fe}^{2+}]}$$

標準還元電極電位（付表3）を参照すると反応の方向を推定することができる。

（上の方にある半反応）は右側に移行　　　　$E^0(\text{V})$

$$\text{Ce}^{4+} + e^- \rightleftharpoons \text{Ce}^{3+} \quad\quad 1.61$$

電子を受け取る反応

（下の方にある半反応）は左側に移行

$$\text{Fe}^{3+} + e^- \rightleftharpoons \text{Fe}^{2+} \quad\quad 0.771$$

電子を与える反応

Ce^{4+} が Ce^{3+} に還元されると同時に Fe^{2+} が Fe^{3+} に酸化される。

全体のセル反応は

$$\text{Ce}^{4+} + \text{Fe}^{2+} \rightleftharpoons \text{Ce}^{3+} + \text{Fe}^{3+}$$

$$K_{\text{eq}} = \frac{[\text{Ce}^{3+}][\text{Fe}^{3+}]}{[\text{Ce}^{4+}][\text{Fe}^{2+}]}$$

$E_{\text{cell}} = 0.839 - 0.0592 \log K_{\text{eq}}$

2つの半反応は電位が等しくなるまで反応は進む。平衡に達するとセル電圧は0 V となる。

$E_{\text{cell}} = 0.839 - 0.0592 \log K_{\text{eq}} = 0 \quad K_{\text{eq}} = 1.486 \times 10^{14}$

Fe^{2+}, Fe^{3+}, Ce^{4+}, Ce^{3+} それぞれ 1 M の溶液を混合させた後，平衡に達すると

	Fe^{2+}	+	Ce^{4+}	$\rightleftharpoons$	Fe^{3+}	+	Ce^{3+}
平衡前	1		1		1		1
平衡後	x		x		$2-x$ ≒ 2		$2-x$ ≒ 2

$$K_{\text{eq}} = \frac{2 * 2}{x * x} = 1.486 \times 10^{14}$$

$$x = \sqrt{2.692 \times 10^{-14}} = 1.64 \times 10^{-7} \text{M}$$

電位は $\text{Fe}^{2+}/\text{Fe}^{3+}$ の組合せで計算すると

$$E = 0.771 - 0.0592 \log \frac{1.64 \times 10^{-7}}{2}$$

$$= 0.771 - 0.0592\,(-8 + 0.194)$$

$$= 0.771 + 0.419 = 1.19\,\mathrm{V}$$

Ce^{3+}/Ce^{4+} の組合せで計算すると

$$E = 1.61 - 0.0592 \log \frac{2}{1.64 \times 10^{-7}}$$

$$= 1.61 + 0.0592 \log \frac{1.64 \times 10^{-7}}{2}$$

$$= 1.61 + 0.0592\,(-8 + 0.914)$$

$$= 1.61 - 0.419 = 1.19\,\mathrm{V}$$

13 酸化還元滴定

目 標

酸化・還元滴定曲線を求める。

ここでは，酸化還元滴定を学ぶ．2 つの溶液を混合させると，それぞれの半反応の電位は等しくなる．どちらの半反応からでも電位を計算できるので，計算しやすい組み合わせでネルンストの式を用いて計算する．

13-1　Fe^{2+} 溶液の Ce^{4+} 溶液による滴定

設問13.1　0.30 M Fe^{2+} 溶液 5 ml に 0.10 M Ce^{4+} 溶液 5 ml を加える．この溶液中に浸けられた白金電極の電位はいくらになるか．

解

初めの Fe^{2+} の物質量　$0.30 \times 5 = 1.5$ mmol

加えた Ce^{4+} の物質量　$0.10 \times 5 = 0.5$ mmol

　　　　　　　　　　＝生成した Fe^{3+} の物質量

残った Fe^{2+} の物質量　$1.5 - 0.5 = 1.0$ mmol

	Fe^{2+}	+	Ce^{4+}	$\rightleftharpoons$	Fe^{3+}	+	Ce^{3+}
平衡前	1.5		0.5		0		0
平衡後	$1.0+x$		x		$0.5-x$		$0.5-x$
	≒				≒		≒
	1.0				0.5		0.5

(1)　Fe^{2+}/Fe^{3+} の組み合わせで電位を求めた方が楽である．

$$E = 0.771 - 0.0592 \log \frac{[Fe^{2+}]}{[Fe^{3+}]}$$

最終液量は 10 ml であるので

$$E = 0.771 - 0.0592 \log \frac{(1.0/10)}{(0.5/10)}$$

$$= 0.771 - 0.0592 \times 0.301$$

$$= 0.771 - 0.0178$$

$$= 0.753 \text{ V}$$

(2)　Ce^{3+}/Ce^{4+} の組み合わせで電位を求めることもできる．

平衡後，Fe^{2+}/Fe^{3+} と Ce^{3+}/Ce^{4+} の電位は等しくなるので

$$1.61 - 0.0592 \log \frac{[Ce^{3+}]}{[Ce^{4+}]} = 0.771 - 0.0592 \log \frac{[Fe^{2+}]}{[Fe^{3+}]}$$

$$0.839 = 0.0592 \log \frac{[Ce^{3+}][Fe^{3+}]}{[Ce^{4+}][Fe^{2+}]} = 0.0592 \log K_{eq}$$

$$K_{eq} = 10^{14.172} = 1.486 \times 10^{14}$$

$$\frac{0.50 * 0.50}{1.0 * x} = 1.486 \times 10^{14}$$

$$x = 1.682 \times 10^{-15} \text{ mmol}$$

$$E = 1.61 - 0.0592 \log \frac{[Ce^{3+}]}{[Ce^{4+}]}$$

$$= 1.61 - 0.0592 \log \frac{0.50}{1.682 \times 10^{-15}}$$

$$= 1.61 - 0.0592 \,(15 - 0.5268)$$

$$= 1.61 - 0.857 = 0.753 \text{ V}$$

設問13.2 0.10 M Fe^{2+} 100 ml に 0.10 M Ce^{4+} を (1) 10.0 ml, (2) 20.0 ml, (3) 50.0 ml, (4) 100 ml, (5) 150 ml, (6) 200 ml 加えた時の溶液の電位を求めよ。

解

(1) 初めの Fe^{2+} の物質量 $0.10 \times 100 = 10$ mmol
　　加えた Ce^{4+} の物質量 $0.10 \times 10 = 1.0$ mmol
　　　　＝生成した Fe^{3+} の物質量
　　残った Fe^{2+} の物質量 $10 - 1.0 = 9.0$ mmol
　　Fe^{2+}/Fe^{3+} の組み合わせで電位を求める。

$$E = 0.771 - 0.0592 \log \frac{[Fe^{2+}]}{[Fe^{3+}]}$$

$$= 0.771 - 0.0592 \log \frac{9.0}{1.0}$$

$$= 0.771 - 0.0565 = 0.715 \text{ V}$$

(2) 初めの Fe^{2+} の物質量 $0.10 \times 100 = 10$ mmol
　　加えた Ce^{4+} の物質量 $0.10 \times 20 = 2.0$ mmol

　　　　　＝生成した Fe^{3+} の物質量

　　　残った Fe^{2+} の物質量　$10 - 2.0 = 8.0$ mmol

　　　Fe^{2+}/Fe^{3+} の組み合わせで電位を求める。

$$E = 0.771 - 0.0592 \log \frac{[Fe^{2+}]}{[Fe^{3+}]}$$

$$= 0.771 - 0.0592 \log \frac{8.0}{2.0}$$

$$= 0.771 - 0.0356 = 0.735 \text{ V}$$

(3)　初めの Fe^{2+} の物質量　$0.10 \times 100 = 10$ mmol

　　　加えた Ce^{4+} の物質量　$0.10 \times 50 = 5.0$ mmol
　　　　　＝生成した Fe^{3+} の物質量

　　　残った Fe^{2+} の物質量　$10 - 5.0 = 5.0$ mmol

　　　Fe^{2+}/Fe^{3+} の組み合わせで電位を求める。

$$E = 0.771 - 0.0592 \log \frac{[Fe^{2+}]}{[Fe^{3+}]}$$

$$= 0.771 - 0.0592 \log \frac{5.0}{5.0}$$

$$= 0.771 \text{ V}$$

(4)　初めの Fe^{2+} の物質量　$0.10 \times 100 = 10$ mmol

　　　加えた Ce^{4+} の物質量　$0.10 \times 100 = 10$ mmol

　　　生成した Fe^{3+} の物質量　$10 - x \simeq 10$ mmol

　　　残った Fe^{2+} の物質量　x mmol

　　　生成した Ce^{3+} の物質量　$10 - x \simeq 10$ mmol

　　　残った Ce^{4+} の物質量　x mmol

	Fe^{2+}	+	Ce^{4+}	$\rightleftarrows$	Fe^{3+}	+	Ce^{3+}
平衡前	10		10		0		0
平衡後	x		x		$10-x$		$10-x$
					≃ 10		≃ 10

　　　平衡後，Fe^{2+}/Fe^{3+} と Ce^{3+}/Ce^{4+} の電位は等しくなるので

$$1.61 - 0.0592 \log \frac{[Ce^{3+}]}{[Ce^{4+}]} = 0.771 - 0.0592 \log \frac{[Fe^{2+}]}{[Fe^{3+}]}$$

$$0.839 = 0.0592 \log \frac{[Ce^{3+}][Fe^{3+}]}{[Ce^{4+}][Fe^{2+}]} = 0.0592 \log K_{eq}$$

$$K_{eq} = 10^{14.172} = 1.486 \times 10^{14}$$

$$\frac{10 * 10}{x * x} = 1.486 \times 10^{14}$$

$$x = 8.20 \times 10^{-7} \text{ mmol}$$

① Fe^{2+}/Fe^{3+} の組み合わせで計算すると

$$E = 0.771 - 0.0592 \log \frac{[Fe^{2+}]}{[Fe^{3+}]}$$

$$= 0.771 - 0.0592 \log \frac{8.2 \times 10^{-7}}{10}$$

$$= 0.771 - 0.0592 \, (-8 + 0.914)$$

$$= 0.771 + 0.420 = 1.19 \text{ V}$$

② Ce^{3+}/Ce^{4+} の組み合わせで計算すると

$$E = 1.61 - 0.0592 \log \frac{[Ce^{3+}]}{[Ce^{4+}]}$$

$$= 1.61 - 0.0592 \log \frac{10}{8.2 \times 10^{-7}}$$

$$= 1.61 + 0.0592 \log \frac{8.2 \times 10^{-7}}{10}$$

$$= 1.61 + 0.0592 \, (-8 + 0.914)$$

$$= 1.61 - 0.420 = 1.19 \text{ V}$$

(5) 初めの Fe^{2+} の物質量　$0.10 \times 100 = 10$ mmol

　　加えた Ce^{4+} の物質量　$0.10 \times 150 = 15$ mmol

$$\begin{array}{ccccccc}
 & \text{Fe}^{2+} & + & \text{Ce}^{4+} & \rightleftarrows & \text{Fe}^{3+} & + & \text{Ce}^{3+} \\
\text{平衡前} & 10 & & 15 & & 0 & & 0 \\
\text{平衡後} & x & & 5+x & & 10-x & & 10-x \\
 & & & \wr\wr & & \wr\wr & & \wr\wr \\
 & & & 5 & & 10 & & 10
\end{array}$$

$\text{Ce}^{3+}/\text{Ce}^{4+}$ の組み合わせで電位を求める。

$$E = 1.61 - 0.0592 \log \frac{[\text{Ce}^{3+}]}{[\text{Ce}^{4+}]}$$

$$= 1.61 - 0.0592 \log \frac{10}{5}$$

$$= 1.61 - 0.0592 \log 2.0$$

$$= 1.61 - 0.0592 * 0.30$$

$$= 1.61 - 0.018 = 1.59 \text{ V}$$

(6) 初めの Fe^{2+} の物質量 $0.10 \times 100 = 10$ mmol

加えた Ce^{4+} の物質量 $0.10 \times 200 = 20$ mmol

生成した Ce^{3+} の物質量 $10 - x \simeq 10$ mmol

残った Ce^{4+} の物質量 $10 + x \simeq 10$ mmol

$$\begin{array}{ccccccc}
 & \text{Fe}^{2+} & + & \text{Ce}^{4+} & \rightleftarrows & \text{Fe}^{3+} & + & \text{Ce}^{3+} \\
\text{平衡前} & 10 & & 20 & & 0 & & 0 \\
\text{平衡後} & x & & 10+x & & 10-x & & 10-x \\
 & & & \wr\wr & & \wr\wr & & \wr\wr \\
 & & & 10 & & 10 & & 10
\end{array}$$

$\text{Ce}^{3+}/\text{Ce}^{4+}$ の組み合わせで電位を求める。

$$E = 1.61 - 0.0592 \log \frac{10.0}{10.0} = 1.61 \text{ V}$$

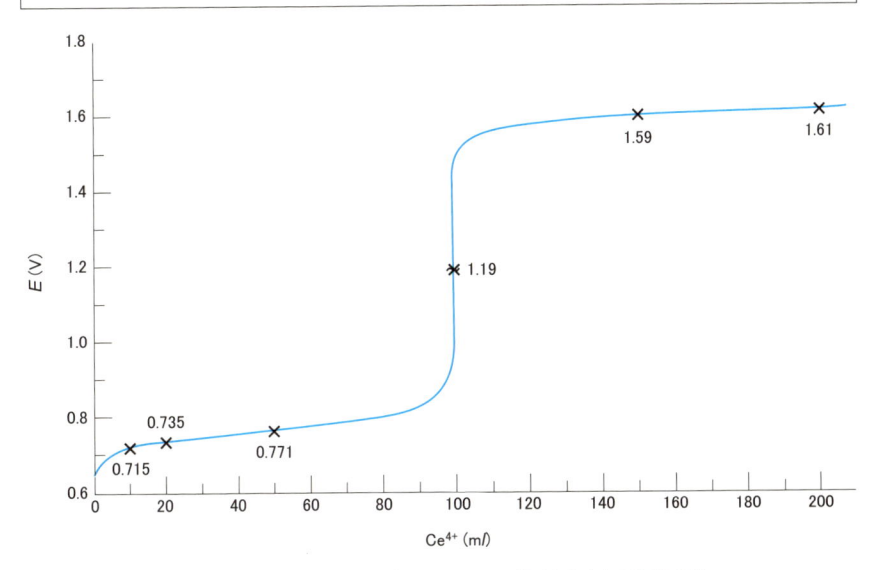

図13-1 0.1 M Fe^{2+} 100ml を 0.1 M Ce^{4+} で滴定したときの滴定曲線

重要な用語の英名と読み方

1章

モル濃度 (molarity [mouléeriti])

ppm (parts per million [pɑ:rtsu pər míljən])

ppb (parts per billion [pɑ:rtsu pər bíljən])

ppt (parts per trillion [pɑ:rtsu pər tríljən])

滴　定 (titration [taitréiʃən])

酸 - 塩基滴定 (acid-base titration [ǽsid-beis taitréiʃən])

錯滴定 (complexometric titration [kəmpləksométric taitréiʃən])

沈殿滴定 (precipitation titration [prisìpitéiʃən taitréiʃən])

酸化還元滴定 (redox titration [rí:dɑks taitréiʃən],
　　　　　　reduction-oxidation [ridʌ́kʃən ɑ̀ksidéiʃən])

2章

平均値 (mean [mi:n])

標準偏差 (standard deviation [stǽndərd dì:viéiʃən])

相対標準偏差 (relative standard deviation [rélətiv stǽndərd dì:viéiʃən], RSD)

正規分布 (normal distribution [nɔ́:rməl distribjú:ʃən])

検出下限 (limit of detection [límit əv ditékʃən], LOD)

定量下限 (limit of quantition [límit əv kwàntitéiʃən], LOQ)

分　散 (variance [véəriəns])

相対的分散 (relative variance [rélətiv véəriəns])

誤差の伝播 (propagation of errors [pràpəgéiʃən əv érərz])

検量線 (calibration curve [kæ̀libréiʃən kə:rv])

相関係数 (correlation coefficient [kɔ̀:rəléiʃən kòuifíʃənt])

3章

平衡状態 (equilibrium state [ì:kwilíbriəm steit])

平衡定数（equilibrium constant ［ìːkwilíbriəm kánstənt］）
解離定数（dissociation constant ［disòuʃiéiʃən kánstənt］）
強電解質（strong electrolyte ［strɔŋ iléktrəlàit］）
弱電解質（weak electrolyte ［wiːk iléktrəlàit］）
共通イオン効果（common ion effect ［kɔ́mən áiən ifékt］）
共通塩効果（common salt effect ［kɔ́mən sɔːlt ifékt］）

4章

共役対（conjugate pair ［kándʒgèit pɛər］）
酸　性（acidic ［əsídik］）
中　性（neutral ［njúːtrəl］）
アルカリ性（alkaline ［ǽlkəlàin］）
塩基性（basic ［béisik］）
水のイオン積（ion product of water ［áiən prádʌkt əv wɔ́ːtər］）

5章

加水分解定数（hydrolysis constant ［haidrάləsis kánstənt］）

6章

緩衝溶液（buffer solution ［bʌ́fər səlúːʃən］）
ヘンダーソン - ハッセルバルクの式（Henderson-Hasselbalch equation
　　　　　　　　　　　　　　　　［hendəːson hasselbəlk ikwéiʃən］）
緩衝容量（buffering capacity ［bʌ́fəriŋ kəpǽsiti］）
トリス(ヒドロキシメチル)アミノメタン（Tris (hydroxymethyl) aminomethane
　　　　　　　　　　　　　　　　　［tris-haidrάksimeθil-aminomeθéin］）
トリス緩衝容積（Tris buffer solution ［tris bʌ́fər səlúːʃən］）

7章

多塩基酸（polyprotic acid ［pɑlipróutik ǽsid］）
多酸塩基（polyhydroxy base ［pɑlihaidrάksi beis］）

8章

両　性（amphoteric [æ̀mfətérik]）
滴定曲線（titration curve [taitréiʃən ka:rv]）

9章

指示薬（indicator [índikèitər]）
標　定（standardization [stæ̀ndərdaizéiʃən]）
一次標準物質（primary standard [práimary stǽndərd]）

10章

エチレンジアミン四酢酸（ethylenediamine tetraacetic acid
　　　　　　　　　　　　　[éθili:ndiǽmi:n-tetrəəsí:tik-ǽsid], EDTA）
安定度定数（stability constant [stəbíliti kánstənt]）
生成定数（formation constant [fɔ:rméiʃən kánstənt]）
条件付き生成定数（conditional formation constant
　　　　　　　　　　　　　[kəndíʃənəl fɔ:rméiʃən kánstənt]）

11章

溶解度積（solubility product [saljubíliti prádʌkt]）
重量分析（gravimetric analysis [græ̀vimétrik ənǽlisis]）

12章

酸　化（oxidation [àksidéiʃən]）
還　元（reduction [ridʌ́kʃən]）
酸化剤（oxidizing agent [ɑ́ksidàiziŋ éidʒənt]）
還元剤（reducing agent [ridjú:siŋ éidʒənt]）
標準還元電極電位（normal reduction electrode potential
　　　　　　　　　　　　　[nɔ́:rməl ridʌ́kʃən iléktroud pəténʃəl]）
見かけの還元電極電位（formal reduction electrode potential
　　　　　　　　　　　　　[fɔ́:rməl ridʌ́kʃən iléktroud pəténʃəl]）

基準水素電極（normal hydrogen electrode ［nɔ́:rməl háidrədʒen iléktroud］, NHE）
ネルンストの式（Nernst equation ［nernst ikwéiʃən］）
負　極（negative polarity ［négətiv pouláriti］）
正　極（positive polarity ［pázətiv pouláriti］）
陽　極（anode ［ǽnoud］）
陰　極（cathode ［kǽθoud］）
陽イオン（cation ［kǽtaiən］）
陰イオン（anion ［ǽnaiən］）
半反応（half-reaction ［há:friǽkʃən］）
セル電圧（cell voltage ［sel vóultidʒ］）

参 考 図 書

1. Gary D. Christian, "Analytical Chemistry", 6th Edition, John Wiley & Sons, 2004.
2. 原口紘炁監訳,『クリスチャン分析化学Ⅰ. 基礎編』, 丸善 (2005).
3. 原口紘炁監訳,『クリスチャン分析化学Ⅱ. 機器分析編』, 丸善 (2005).
   参考図書2と3は, 1の翻訳である。
4. David R. Lide, "CRC Handbook of Chemistry and Physics", 87th Edition, CRC Press, 2006.

索　引

あ 行

アルカリ性　29
アレニウスの定義　28
安定度定数　89

一次近似式　12
一次標準　83
一次標準物質　83
イミノ二酢酸基　93
陰イオン　113
陰　極　113

ＳＩ単位　101
エチレンジアミン四酢酸　86
エリオクロムブラックＴ　97
塩　基　28
塩基性　29
塩基の解離定数　28

anion　113
EDTA　86

か 行

解離定数　21
解離平衡　21
化学電池　113
加水分解定数　36, 37
加水分解反応　36

還　元　110
還元型　110
還元剤　110
緩衝溶液　44
緩衝容量　46

基準水素電極　110
気体定数　112
共役塩基　28
共役酸　28
共役対　28
共通イオン効果　24, 100
共通塩効果　24
強電解質　21
キレート樹脂　93

検出下限　10
検量線　13

誤差の伝播　11, 12
cation　113

さ 行

錯滴定　6
酸　28
酸-塩基滴定　6
酸　化　110
酸化型　110
酸化還元滴定　6
酸化剤　110
酸化数　110

酸　性　29
酸の解離定数　28

指示薬　81, 96, 106
　———, BT　96
質量%濃度　3
弱塩基の塩　36
弱酸の塩　36
弱電解質　21
重量分析　100
条件付き生成定数　89

正規分布　9
正　極　113
生成定数　89, 90
セル電圧　113
線形最小二乗法　12

相関係数　14
相対的分散　11
相対標準偏差　8

た 行

多塩基酸　53
　———の塩　65
多酸塩基　53

中　性　29
沈殿滴定　6

定量下限　10
滴　定　6

トリス（ヒドロキシメチル）ア
　ミノメタン　49
トリス緩衝溶液　44, 49

な 行

ネルンストの式　111

は 行

半反応　113

表計算ソフト　54
標準還元電極電位　110
標準偏差　8
標　定　83

負　極　113
フルオレセイン　107
ブレンステッドの定義　28
分　散　11

平均値　8
平衡状態　18
平衡定数　18
ヘンダーソン - ハッセルバルク
　の式　45, 59

p Kw　29
pH　29
pOH　29
ppb　3
ppm　2, 3
ppt　4

ま 行

見かけの還元電極電位　110
水のイオン積　28

モル濃度　2

や 行

陽イオン　113
溶解度積　100, 102
陽　極　113

ら 行

両　性　66

著者略歴

古田　直紀
（ふるた　なおき）

1975年　東京大学大学院理学系研究科修士課程修了。同年 国立公害研究所（現在の国立環境研究所）に研究員として入所。1979年 東京大学より理学博士授与。1986年 同研究所の主任研究員。1992年 地球環境研究センター研究管理官。1994年 中央大学理工学部応用化学科教授となり 2021年 同大学を定年退職。現在中央大学理工学部名誉教授。2000－2014年 立教大学理学部化学科の兼任講師，2014－2016年 学習院大学理学部化学科の兼任講師。

専　門　分析化学，環境化学

主な著書　これならわかる機器分析化学（三共出版），ICP発光分析法（共立出版，共著），原子吸光分析法（日本分析化学会，共著），分析化学データブック（丸善，共著），地球環境ハンドブック（朝倉書店，共著），環境の化学（日新出版，共著），クリスチャン分析化学（丸善，共訳），ベーシックマスター分析化学（オーム社，共著）

これならわかる　分析化学（ぶんせきかがく）

2007年4月1日　初版第1刷発行
2023年3月10日　初版第11刷発行

Ⓒ　著　者　古　田　直　紀
　　発行者　秀　島　　　功
　　印刷者　荒　木　浩　一

発行所　三共出版株式会社　東京都千代田区神田神保町3の2
郵便番号 101-0051　振替 00110-9-1065
電話 03-3264-5711　FAX 03-3265-5149
https://www.sankyoshuppan.co.jp/

一般社団法人 日本書籍出版協会・一般社団法人 自然科学書協会・工学書協会　会員

印刷・製本　アイ・ピー・エス

JCOPY ＜(一社)出版者著作権管理機構 委託出版物＞
本書の無断複写は著作権法上での例外を除き禁じられています。複写される場合は，そのつど事前に，(一社)出版者著作権管理機構（電話 03-5244-5088，FAX 03-5244-5089，e-mail: info@jcopy.or.jp）の許諾を得てください。

ISBN 978-4-7827-0536-0

付表3 標準および見かけの還元電極電位
(normal and formal reduction electrode potential)

半反応	E^0(V)	見かけ電位 (V)
$F_2 + 2H^+ + 2e^- = 2HF$	3.06	
$O_3 + 2H^+ + 2e^- = O_2 + H_2O$	2.07	
$S_2O_8^{2-} + 2e^- = 2SO_4^{2-}$	2.01	
$Co^{3+} + e^- = Co^{2+}$	1.842	
$H_2O_2 + 2H^+ + 2e^- = 2H_2O$	1.77	
$MnO_4^- + 4H^+ + 3e^- = MnO_2 + 2H_2O$	1.695	
$Ce^{4+} + e^- = Ce^{3+}$		1.70(1 M HClO);1.61(1 M HNO$_3$);1.44(1 M H$_2$SO$_4$)
$HClO + H^+ + e^- = \frac{1}{2}Cl_2 + H_2O$	1.63	
$H_5IO_6 + H^+ + 2e^- = IO_3^- + 3H_2O$	1.6	
$BrO_3^- + 6H^+ + 5e^- = \frac{1}{2}Br_2 + 3H_2O$	1.52	
$MnO_4^- + 8H^+ + 5e^- = Mn^{2+} + 4H_2O$	1.51	
$Mn^{3+} + e^- = Mn^{2+}$		1.51(8 M H$_2$SO$_4$)
$ClO_3^- + 6H^+ + 5e^- = \frac{1}{2}Cl2 + 3H_2O$	1.47	
$PbO_2 + 4H^+ + 2e^- = Pb^{2+} + 2H_2O$	1.455	
$Cl_2 + 2e^- = 2Cl^-$	1.359	
$Cr_2O_7^{2-} + 14H^+ + 6e^- = 2Cr^{3+} + 7H_2O$	1.33	
$Tl^{3+} + 2e^- = Tl^+$	1.25	0.77(1 M HCl)
$IO_3^- + 2Cl^- + 6H^+ + 4e^- = ICl_2^- + 3H_2O$	1.24	
$MnO_2 + 4H^+ + 2e^- = Mn^{2+} + 2H_2O$	1.23	
$O2 + 4H^+ + 4e^- = 2H_2O$	1.229	
$2IO_3^- + 12H^+ + 10e^- = I_2 + 6H_2O$	1.20	
$SeO_4^{2-} + 4H^+ + 2e^- = H_2SeO_3 + H_2O$	1.15	
$Br_2(aq) + 2e^- = 2Br^-$	1.087*[1]	
$Br_2(l) + 2e^- = 2Br^-$	1.065*[1]	
$ICl_2^- + e^- = \frac{1}{2}I2 + 2Cl^-$	1.06	
$VO_2^+ + 2H^+ + e^- = VO^{2+} + H_2O$	1.000	
$HNO_2 + H^+ + e^- = NO + H_2O$	1.00	
$Pd^{2+} + 2e^- = Pd$	0.987	
$NO_3^- + 3H^+ + 2e^- = HNO_2 + H_2O$	0.94	
$2Hg^{2+} + 2e^- = Hg_2^{2+}$	0.920	
$H_2O_2 + 2e^- = 2OH^-$	0.88	
$Cu^{2+} + I^- + e^- = CuI$	0.86	
$Hg^{2+} + 2e^- = Hg$	0.854	
$Ag^+ + e^- = Ag$	0.799	0.228(1 M HCl); 0.792(1 M HClO$_4$)
$Hg_2^{2+} + 2e^- = 2Hg$	0.789	0.274(1 M HCl)
$Fe^{3+} + e^- = Fe^{2+}$	0.771	
$H_2SeO_3 + 4H^+ + 4e^- = Se + 3H_2O$	0.740	
$PtCl_4^{2-} + 2e^- = Pt + 4Cl^-$	0.73	
$C_6H_4O_2(キノン) + 2H+ + 2e^- = C_6H_4(OH)_2$	0.699	0.696(1 M HCl, H$_2$SO$_4$, HClO$_4$)
$O_2 + 2H+ + 2e^- = H_2O_2$	0.682	
$PtCl_6^{2-} + 2e^- = PtCl4_2^- + 2Cl^-$	0.68	
$I_2(aq) + 2e^- = 2I^-$	0.6197*[2]	
$Hg_2SO_4 + 2e^- = 2Hg + SO_4^{2-}$	0.615	
$Sb_2O_5 + 6H^+ + 4e^- = 2SbO^+ + 3H_2O$	0.581	
$MnO_4^- + e^- = MnO_4^{2-}$	0.564	
$H_3AsO_4 + 2H^+ + 2e^- = H_3AsO_3 + H_2O$	0.559	0.577(1 M HCl, HClO$_4$)
$I_3^- + 2e^- = 3I^-$	0.5355	
$I_2(s) + 2e^- = 2I^-$	0.5345*[2]	
$Mo^{6+} + e^- = Mo^{5+}$		0.53(2 M HCl)
$Cu^+ + e^- = Cu$	0.521	